그들은 왜 파리로 갔을까

청춘의 여행, 240일 파리 불법 체류기

그들은 왜 파리로 갔을까

청춘의 여행, 240일 파리 불법 체류기

지은이 | 문신기, 이다혜

초판 1쇄 발행일 | 2011년 3월 3일
　　　2쇄 발행일 | 2011년 5월 20일

발행인 | 유명종
기　획 | 유명종
편　집 | 이지혜
디자인 | 문수민
조　판 | 경보INC
용　지 | 화인페이퍼
인　쇄 | 독일인쇄

발 행 처 | 디스커버리 미디어
출판등록 | 제 300-2010-44(2004. 02. 11)
주　　소 | 서울시 종로구 내수동 72 경희궁의 아침 3단지 오피스텔 431호
전　　화 | 02-587-5558
팩　　스 | 02-588-5558
홈페이지 | www.discovery-books.net

ISBN 978-89-956091-8-7

그들은 왜 파리로 갔을까

청춘의 여행, 240일 파리 불법 체류기

글 · 그림 문신기 | **사진** 이다혜

디스커버리 미디어

우리는 파리에서 뭘 했던가? 스펙을 기준으로 본다면 거의 한 게 없다. 아틀리에를 다녔고, 전시를 보았고, 커피를 마셨고, 골목길과 공원을 산책했고, 도서관에 다녔고, 가끔 한국을 그리워했다. 그리고 밤에는 선술집에서 파리지엔들과 어울려 술을 마셨다. 그렇게 신나게 놀다가 '나'를 찾았고, 파리의 자유와 관용을 보았다. 그리고 불법 체류자가 되었다.

여섯 번째 발걸음을 시작하며

영화 「빠삐용」의 주인공은 탈옥에 실패하고 난 뒤 독방에 갇혔다. 그가 독
방에서 누릴 수 있는 자유는 단지 다섯 걸음을 내딛는 것이었다. 그는 몇
년 동안 시련을 이겨내고 조금 더 많은 자유를 갖게 되었다. 그러나 말이
자유지 그가 얻은 것은 그전보다 고작 한 걸음 더 많은 여섯 걸음을 내디딜
수 있는 자유와 '개새끼'라는 말 한마디 할 수 있는 것이었다. 그는 그 작
은 자유를 위해 처절한 싸움을 벌여야만 했다.

빠삐용에게 자유를 향한 갈망이 없었다면 그 '한 걸음'과 말 한마디 할 수
있는 자유는 없었을 것이다. 그리고 코코넛(혹은 야자) 자루를 연결한 뗏목
을 안고 '나비처럼' 바다에 뛰어들 자유도 없었을 것이다. 나에게는 빠삐
용의 여섯 번째 걸음이 새로운 인생을 위한 시작으로 읽힌다.

나도, 여섯 번째 걸음을 내딛고 싶었다. 스무 살이 되고 자유의 상징인 대
학생이 되면 당연히 여섯 번째 걸음을 시작할 수 있을 거라고 믿었다. 그러
나 현실은 냉혹했다. 자유는커녕 세상은 오히려 더 단단한 감옥에 청춘을
몰아넣고 있었다. 우리에게 주어진 현실은 아주 작은 독방에 지나지 않았
다. 그리고 그 독방에서 벗어나려 하면 세상은 나를 외면했다. 1천만 원에
육박하는 등록금, 끝이 보이지 않은 스펙 쌓기, 그리고 취업 전쟁. 그 모든

억압에 순응하고 나면 세상은 어처구니없게도 비정규직으로 응답해 주었다.

나는 굴레와 감옥이 싫었다. 그 감옥에서 벗어나려 하면 세상은 언제나 철이 들거냐며 훈시하거나 다 그런 거라고 얼버무리며 우리를 설득하려 했다. 그래도 선을 벗어나면 패배자라고 꽝꽝 낙인을 찍었다. 그리고는 우리를 88만원 세대라 부르기 시작했다. 우리 세대를 상징하는 단어가 숫자와 경제적인 가치로만 표현되는 것 자체도 불만이었지만, 더욱 슬픈 건 우리를 상징할 만한 이름마저도, 우리답게, 우리 스스로 명명할 기회를 얻지 못했다는 사실이다.

영원히 봄이 오지 않을 것처럼 추위가 몰아치던 2000년대 후반이 시작되는 늦겨울이었다. 나는 파리행 비행기 표와 반년 동안 아르바이트로 모은 작지만 큰돈, 곧 배가 터질 것 같은 배낭을 들고 있었다. 기대 반 걱정 반 심정으로 새벽 안개를 뚫고 인천공항으로 향했다. 우리의 여섯 번째 발걸음이 시작된 것이다. 나는 거처도 정하지 않고, 호텔 예약도 하지 않은 채, 언제 돌아오겠다는 기약도 없이 기차를 타고 야반도주하듯 파리행 비행기에 몸을 실었다. 사실 떨리고 걱정도 되었다. 내 곁에 Lee가 없었다면 그건 불가능한 일이었다.

우리는 파리에서 뭘 했던가? 스펙을 기준으로 본다면 우리는 거의 한 게 없다. 무작정 등록했던 어학원은 한 달 만에 그만두었다. 대신 그 돈으로 아틀리에를 다녔다. 그곳에서 한국에서 찾지 못한 나의 그림을 찾았다. 햇살이 좋은 날엔 공원에서 산책했고, 커피를 마셨고, 책을 읽었다. 그리고 밤에는 선술집에서 파리지엔들과 술을 마셨다. 한마디로 말하면 우리는 전

 지은이의 말

시 보고, 음악 듣고, 그림 그리고, 사람들 만나고, 술을 마셨다.

그렇게 신나게 놀다가 졸지에 불법 체류자가 되었다. 그래도 놀았다. 나를 찾으려고, 나의 자유를 위해, 나의 예술을 위해 계속 파리에 머물렀다. 8개월 넘게 머무는 동안, 파리는 늘 내게 말했다. 지금처럼, 그렇게 놀라고. 파리에서 나는 내 머리를 위해, 내 가슴을 위해 살았다. 그것은 생존이 아니라 삶이었다. 난생처음으로 나 자신과 대면하며 지냈다.

이 책은 파리에 관한 책이 아니다. 나는 수십 년 동안 파리에서 산 교민이 아니었고, 파리지엔은 더더욱 아니었다. 게다가 240일 남짓 살다 온 내가 긴 역사를 자랑하는 파리를 얘기하는 게 우스워 보였다. 중국의 한 회화 이론가는 한 장의 산수화를 그리기 위해서는 작품의 배경이 되는 곳을 수백 번 다니며 사색해야 한다고 말했다. 그림 한 장 그리는 데도 그만큼의 노력이 필요한데, 짧은 체류 경험으로 파리를 책 한 권에 담아낸다는 것은 무리가 있었다.

이 글은 파리에서 내 자아를 찾아가는 과정을 담은 이야기이다. 한국이라는 감옥에서 벗어나고자 발버둥치는 청춘의 슬픈 비망록이다. 나는 끊임없이 자유롭고 싶은, 그리고 자기 혁명을 꿈꾸는 20대의 이야기로 세상과 소통하고 싶었다. 88만원 세대의 고민과 우울, 꿈과 행복을 세상과 나누고 싶었다. 다듬어지지 않은 보잘것없는 나의 글을 보고 누군가 자유의 향기를 맡을 수 있다면, 그래서 잠시라도 세상과 맞설 힘을 얻을 수 있다면, 나는 그것만으로도 충분히 행복할 것 같다. 사춘기 소녀 같은 순수한 가슴으로 나의 이야기, 여섯 번째 발걸음을 이제 옮기려고 한다.

이 글을 쓰면서 내 곁에 많은 사람이 있다는 사실을 깨달았다. 이상한 짓을 하고 다니는 나를 끝까지 지켜 봐주시는 사랑하는 부모님과 형, 가족들, 언제나 거침없는 비판으로 내 인생에 비타민을 넣어주는 Lee, 그리고 승건·태균·주연·지숙·철웅·상아·자경, 글로 나를 표현한다는 게 뭔지 알려주고, 부족한 글이 세상 밖으로 나오게 이끌어 주신 이지혜 선생님과 유명종 선생님께 진심으로 감사를 드린다. 파리에서 그리고 이 세상에서 만난 모든 사람에게도.

2011년 1월

일산에서

문 신 기

지은이의 말

차례

나를 혁명가로 만들지 마라!

그들은 왜 파리로 갔을까

첫번째 이야기

총각! 파리 갈래?

복수를 위한 드라마

칙칙한 습기와 희뿌연 담배 연기가 땀구멍으로 밀려드는 2000년대 후반의 어느 장마철, 작은 선술집이었다. Lee와 나는 언제나 그랬듯이 단둘이 소주잔을 기울이고 있었다.

"어이, 총각! 우리 파리 갈래?"

뜬금없는 제안에 나는 Lee의 얼굴을 바라보았다.

"뭐? 파리? 프랑스?"

"응!"

나는 깊이 생각하지 않고 간결하게 대답했다.

"그래. 가지 뭐."

그리고 6개월 후, 우습게도 우리는 정말 파리로 떠났다. 어려울수록 일을 쉽게 만들어 버리는 버릇은 우리의 큰 자산이었다.

2년 전 Lee는 프랑스 유학 준비를 하고 있었다. 이미 입학 허가서도 받은 상태였다. 하지만, 집안 사정으로 갑작스럽게 모든 계획이 물거품이 되었

나를 혁명가로 만들지 마라

다. Lee에게는 지긋지긋한 관절염 같은 사춘기가 다시 한 번 들이닥치고 있었다. 등록금을 벌려고 매점, 호프집, 편의점, 패밀리 레스토랑, 커피 전문점을 비롯하여 건물 청소부, 학원 강사 등 해보지 않은 아르바이트가 없었다. 잠시 시간을 낼 수 없을 정도로 바빴지만, 어디에 있으나 견딜 수 없는 슬픔이 그녀를 억눌렀다.

당시 그녀는 걱정이 없어 보이는 또래 대학생들을 보며 부러움과 질투심을 동시에 느꼈다. 그리고 도태되지 않으려고 신문과 책을 닥치는 대로 읽었다. 그녀는 이루지 못한 프랑스 유학 대신 무조건 파리로 떠나기로 마음먹었다. 큰 목적이 있어서도 아니고, 간절한 소망이 있어서도 아니었다. 그것은 마치 '어쭈? 파리, 네가 뭔데?' 뭐 이런 식의 그녀만의 일종의 복수 드라마였을 것이다.

나의 고향은 제주도이다. 고등학교를 마칠 때까지 제주도를 떠나 본 적이 없다. 육지는 나에게 신비의 대상이었고 도전의 땅이었다. 나는 미지의 세계에 대한 동경으로 가슴앓이를 하며 사춘기를 보냈다. 영화 「투루먼쇼」를 본 후부터는 바다를 볼 때마다, 하늘과 바다가 만나는 수평선 어딘가에 육지와 연결해 주는 문이 있을 것 같았다. 하지만 막상 그 문을 열고 들어가 보니 육지라는 곳은 상상 속의 나라처럼 신기하거나 아름답지 않았다. 열린 공간 또한 아니었다. 알 수 없는 무언가가 나를 계속 옥죄는 것만 같았다. 머물러 있기 힘들었다. 나는 도망치듯 군대로 떠났다.

2년 후 나는 다시 교정으로 돌아왔지만 대학은 여전히 차갑고 건조했다. 뜨거워야 할 청춘들은 현실에 파묻혀 자기를 잊고 있었다. 모두들 영어 점수를 만들려고 아침 일찍 학원으로 돌격했으며, 삶을 위한 사유와는 아무

상관이 없어 보이는 책을 들고 도서관으로 향했다.

나는 부적응자일까? 이런 고민을 하면서 교정을 떠돌아다녔다. 그러다가 나처럼 떠돌던 Lee를 만났다. 얼마 후 우리는 외로움을 주체할 수 없어서 인도로 떠났다. 인도에서는 즐거웠지만, 한국으로 돌아오자 다시 불행해졌다. 나는 의미 없이 습관적으로 학교와 자취방을 오갔고, 밤이 되면 술을 찾아 대학가를 누비고 다녔다. 보이지 않는 슬픔이 청춘의 목을 조르고 있었다.

솔직히, 내 미래가 은근히 걱정되기는 했다. 나만 뒤처지는 것 같았고, 이러다가 졸업 후에는 정말 미래가 없을지도 모른다는 생각이 들기도 했다. 그래서 나도, 세상이 정해준 틀에 갇혀 사육당하기 위해 몇 번이나 발버둥을 쳤다. 하지만 그럴 때마다 안개의 늪에 들어온 것처럼 자꾸 절망 속으로 빠져들고 있다는 느낌을 지울 수가 없었다.

TV에서는 굴지의 대기업이 1년에 수조 원의 이익을 냈다는 소식이 들렸고, 한순간에 일확천금을 번 강남 아줌마들의 재산 불리기 비법이 인기를 끌었다. 우리와 아무 상관없는 얘기들이었지만 세상은 마치 그것이 성공한 삶의 기준이라도 되는 것처럼 우리에게 주입시키고 있었다. 그리고 그것은 실제로 성공의 척도가 되어 있었다.

그러나 먼저 졸업한 친구와 선배들이 술자리에서 풀어놓는 현실은 미디어가 말하는 성공과는 거리가 멀었다. 광고 회사나 디자인 회사에 들어간 그들의 눈자위엔 깊은 다크 서클이 드리워져 있었다. 12시간 이상의 노동을 강요당하면서도 인턴이라서, 혹은 비정규직이라는 신분 때문에, 겨우 한 달에 100만원 남짓 받으면서도 대부분 침묵하고 있었다. 놀라운 것은, 지

나를 혁명가로 만들지 마라

스펙과 영어 점수 쌓기에 지친 청춘들. 한국의 대학은 진리와 자유를 포기하고 자본에 투항한 지이미 오래되었다. 대한민국에서 청춘이란 단어는 정말 사치스런 낱말일까?

그들은 왜 파리로 갔을까

18

옥 같은 시간을 보내고 있으면서도 참고 노력하면 언젠가는 억대 연봉자의 대열에 합류할 수 있을 거라는, 대답 없는 믿음을 그들은 한사코 붙들고 있다는 사실이었다. 그들의 소망은 나의 마음을 더욱 무겁게 만들었다. 술기운이 올라올 즈음 그들은 지옥 같은 현실로 돌아가기 위해 하나 둘 자리를 뜨기 시작했다. 이것이 우리의 세상이었다. 말 그대로 88만원 세대의 어두운 그림자였다. 그것은 틀림없이 사회 문제였지만 날이 갈수록 개인의 문제가 되어가고 있었다.

피할 수 없는 현실이었다. 하지만 모든 것을 그대로 받아들이기는 싫었다. 변화가 필요했다. 토익 책을 덮고 과감하게 사육장 밖으로 걸어 나올 수 있는 무언가가 필요했다. 어디서 시작해야 할지 감도 잡을 수 없었다. 그러나 가슴에서 뭔가가 끓어오르는 것만은 알 수 있었다. 끓어오를 때마다 파리에 가자고 농담처럼 말하는 Lee의 목소리가 들렸다.

그래. 다 뒤집어야 해! 나에게 필요한 것은 혁명이었다. 도서관 어느 책장에서 잠자고 있을 '혁명'이라는 단어가 이제 우리의 이야기가 되어가고 있음을 나는 아프게 느꼈다. 세상은, 내가 원하지도 않았고, 하고 싶지도 않은 '혁명'을 배양하고 있었다. 어느 노래의 한 구절처럼 세상이 나를 혁명가로 만들고 있었다. 도대체 왜 우리를 혁명가로 만드느냐고!

내가 꿈꾸는 혁명

세상이 변하지 않는다면 나라도 변해야 한다. 그렇다. 내가 꿈꾸는 혁명은 세상을 바꾸는 것이 아니라 '나'를 혁명하는 것이었다. 그것을 저항이라 부르든, 아니면 철없는 대학생의 현실 무시라고 비웃든, 상관이 없었다. 이

나를 혁명가로 만들지 마라

제부터 나는 사회가 시키는 것과 반대로 할 것이다. 나에겐 사소한 것부터 다 혁명이었다. 나는 읽고 싶은 책을 읽고, 그리고 싶은 그림을 그리고, 듣고 싶은 음악을 듣고, 보고 싶은 영화를 보리라 결심했다. 세상과 반대로 가는 것, 그게 혁명의 시작이었다.

혁명을 가슴에 품고 독서실 같은 도서관이 아니라, 인문학과 사회과학 책이 그득한 열람실로 갔다. 새로운 세상이었다. 하지만, 무엇을 읽어야 할지 막막했다. 토익 책은 어느 출판사의 것이 가장 좋은지는 똑똑히 알고 있었지만 정작 내가 원하는 책이 어떤 것인지 알 수 없었다. 나는 아주 단순하게 혁명에 관련된 책들을 찾았다. 그리고 마르크스와 체 게바라를 읽기 시작했다. 그런데 웃긴 것은 그 책들이 내가 보던 토익 교재보다 몇 배는 더 어렵다는 사실이었다. 토익이야 시키는 대로 정해진 시간 안에 풀면 그만이었지만, 이 책들은 끊임없이 지식과 사유를 요구했다. 게다가 세상을 바꾼 이 대단한 혁명들은 그러나 내가 원하는 혁명이 아니었다.

내가 원하는 혁명을 찾기 위해 다시 도서관을 뒤졌다. 그리고 마침내 한 권의 책을 발견했다. '권력에 상상력을, 나는 반역한다. 고로 우리는 존재한다, 혁명을 생각할 때면 섹스를 하고 싶어진다…….'

상상력? 나는 존재한다? 섹스? 뭐야, 이 흥분되는 단어들은! 지금까지 읽은 책과는 전혀 다른 낱말로 쓰인 이 혁명은 도대체 뭐지? 분위기부터가 다른 신선한 단어들이 내 가슴 속으로 들어왔다. 그것은 1968년 5월 파리에서 일어난 68혁명이었다. 이 재미있는 사건들을 나는 왜 배우지 못했던 것일까? 아니 어떻게 고등교육을 받고 있는 내가 이런 흥분되는 사건을 모르고 있었던 거지? 나의 무지 때문인지 아니면 세상의 교묘한 외면 때문인

68혁명을 재구성한 일러스트. 68혁명이 만든 오늘의 프랑스를 확인하고 싶어서 나는 파리로 떠났다. 이 즐거운 혁명을 찾아서, 그리고 '나'의 혁명을 이루기 위해, Lee와 나는 파리행 비행기에 몸을 실었다.

나를 혁명가로 만들지 마라

지 알 수 없었지만, 하여간 나는 도서관 한구석에서 『1968년의 목소리』라는 책을 읽으면서 새로운 혁명을 발견하였고 희망을 품게 되었다.

1968년도에는 세상 곳곳에서 크고 작은 혁명이 있었다. 그런데 그 혁명들은, 혁명하면 떠오르는 빨간색의 강렬한 문구가 떠오르는 그런 혁명이 아니었다. 예술, 저항, 자유, 평화가 섞여 하나가 된 즐거운 혁명이었다. 어느 한 나라가 중심에 있었던 것도 아니다. 프랑스, 영국, 독일, 일본, 미국, 남미 등 지구 곳곳에서 들불처럼 일어났다. 전쟁, 권위, 차별, 자본의 논리에 반대하며 진정한 삶의 가치를 찾기 위한 혁명이었다. 무단 점령과 화염병이 등장하기도 했지만 토론과 집회를 통해 한층 성숙한 혁명을 이끌어 냈다. 레닌 같은 영웅도 없고 체 게바라 같은 신화도 없는, 그 결과도 추상적인 승리였지만 그들이 얻어낸 가치는 말로 다 표현할 수 없을 만큼 대단해 보였다.

대학생들의 연대도 감동적이었다. 60년대의 유럽도 오늘의 한국처럼 만연한 권위주의와 불합리한 사회 제도로 많은 이들이 억압을 받고 있었다. 이에 반동해 미국, 이탈리아, 프랑스, 독일의 대학생들이 맞서 싸웠다. 그중에서 프랑스의 68혁명은 나에게 강한 인상을 남겼다. 프랑스 대학생들은 자유로운 대학, 대안 대학을 만들려고 토론회를 열고 학업 조건과 생활 조건을 점검하고, 권위적인 교수들에게 신랄한 비판의 화살을 겨누었다. 그 결과 대학과 교수의 철갑 같은 권위는 벗겨지고, 대학들은 대학의 이름을 버리고 그 자리에 1, 2, 3이라는 숫자를 집어넣었다. 시험 성적으로 미래가 결정되는 않는 세상, 성·인종·직업·학력 때문에 차별받지 않는 세상, 소수의 목소리에도 귀를 기울일 줄 아는 세상이 찾아온 것이다. 더불어 여성들의 권리 또한 더욱 확장되었다.

처음엔, 믿어지지 않았다. 충격이었다. 이것이 진실일까? 몇 명의 영웅이 아니라 대중이 만든 이 아름다운 혁명을, 그런데 나는 왜 배우지 못했던 것일까? 68혁명의 가치가 지금 우리가 살고 있는 신자유주의 시대의 가치와 맞지 않기 때문일까? 궁금한 게 한두 가지가 아니었지만, 나는 68혁명을 가르쳐주지 않은 이 세상에게 더는 질문을 하지 않았다. 그 대신 나는 68혁명을 온 마음으로 긍정했다. 그리고 결심했다. 이 위대한 혁명을 내 눈으로 직접 확인하러 파리로 가기로 했다. 이 즐거운 혁명을 찾아, 그리고 나의 혁명을 찾아, 나는 떠나야겠다.

기다려라. 파리여!

나를 혁명가로 만들지 마라

도쿄에서 1박 2일

미아가 된 여행자

Lee와 나는 파리에 가려고 6개월 동안 최저 임금을 받으며 온종일 일을 했다. 처음엔, 밥도 먹고 용돈도 써야 하는데 언제 돈 모아서 파리로 가겠는가, 싶었다. 그런데 꿈이란 참으로 요상한 사기꾼 같다. 보증되지 않는 것일지라도 꿈은 사람에게 에너지를 불어넣어 준다. 우리는 그 괴상한 에너지 덕분에 매끼 컵라면을 먹어가면서 악착같이 돈을 모았다.

최소한의 경비로 떠나는 여행이었기에 절약은 필수였다. 우리는 저렴한 비행기 표를 찾기 위해 한 달이 넘게 눈이 빠지도록 모니터를 들여다보았다. 아르바이트를 끝내고 집으로 돌아오면 지쳐 쓰러지기 일보 직전이었지만, 모니터 앞에 앉으면 다시 두 눈이 반짝거렸다. 결국, 우리는 정말 싼 비행기 표를 구했다. 아침 일찍 인천공항을 출발해 도쿄에서 하루를 묵은 뒤 그다음 날 파리로 가는 비행기였다. 파리로 가면서 팔자에도 없는 도쿄 관광의 기회를 덤으로 얻을 수 있다니. 다행히 Lee의 친구가 도쿄에서 유학하고 있어서 그녀에게 여행 안내를 받을 수 있다는 생각으로 우리는 도쿄를

경유하기로 했다. 겉으로 보면 환상적이었지만, 상당한 체력을 요구하는 일정이었다. 모든 일정이 새벽에 잡혀 있었기 때문이다. 우리의 주머니 사정과 저질 체력을 고려하면 도쿄를 관광하기보다는 항공사에서 제공한 호텔에서 지내는 것이 현명한 선택이었는지도 모른다. 하지만 온종일 호텔방에서 보내는 것은 죄를 짓는 것이라고 생각했기에, 우리는 도쿄 시내로 나가기로 했다.

도쿄에 첫발을 내딛는 순간, 머릿속은 파리로 가득 차 있어서 별다른 감흥을 느끼지 못했으나, 한국을 벗어났다는 사실만으로도 우리는 조금 흥분되어 있었다. 같은 문화권이라 그런지 공항에서 접한 도쿄는 언어를 제외하면 한국과 비슷한 느낌이었다. Lee는 입국 심사대 앞에서 열을 잔뜩 받은 얼굴로 씩씩거렸다. 심사관에게 아주 불쾌한 대접을 받았기 때문이다. 나에게는 목적지에 대해서만 물었다. 그런데 유독 Lee에게만 일본은 왜 왔느냐, 구체적으로 누굴 만날 것이냐, 직업이 뭐냐, 왜 도쿄가 경유지인가, 등등의 질문을 속사포처럼 해대는 것이었다. Lee는 단지 하루를 머물기 위해 왔다고 강력하게 주장했지만, 심사관은 질문을 멈추지 않았다.

"내가 한국여자라 저러는 거야?"

"그럴 수도 있지. 네게서 불법 체류자의 분위기가 풍겨서 그런 게 아닐까?"

"웃기시네. 당신 거울이나 보면서 그런 얘기 하세요! 일본, 내가 다시 오나 봐라!"

지하철을 타려고 당당한 걸음걸이로 지하도로 내려갔다. 하지만 당당하던 우리는 갈수록 당황하기 시작했다. 표를 사야 하는데 사람이 해야 할 일을 기계가 대신하고 있었다. 아무리 살펴봐도 표를 어떻게 사야 하는지 알 수

나를 혁명가로 만들지 마라

가 없었다. 영어로 적힌 책자는커녕 안내문 하나 없었다. 일어를 좀 읽을 수 있는 Lee가 나섰으나, 안내문이 한자투성이여서 그의 도전은 곧 무모한 도전이 되고 말았다. 우리는 태연한 척하며 사람들이 어떻게 표를 사는지 관찰하기 시작했다. 하지만 시간만 흘러갈 뿐 지하철 표 한 장 살 수 없는 바보가 되어 미아처럼 서성거렸다. 그래도 일본을 볼 계획이었으면 기본적인 정보는 가지고 왔어야 했다. 우리의 게으름을 질책하며 후회를 하고 있는데 한 여자가 말을 걸었다. 그것도 한국말로.

"한국 분이신가요?"

감동적인 그러나 슬픈 천 엔

너무 반가운 나머지 목이 메었다. 인천공항을 떠나 온 지 두세 시간 밖에 지나지 않았지만, 마치 몇 년 만에 한국 사람을 만난 것처럼 기뻤다. 살짝 왜소해 보이는 체구에 청바지를 입은 그녀는 기계 옆에 서서 태연한 척하는, 하지만 어색하기 그지없는 우리의 연기를 지켜본 모양이다. 그녀의 도움으로 30분을 넘긴 우리의 사투는 끝이 났다. 우리는 어린 아이처럼 그녀를 따라 지하철에 몸을 실었다.

"도쿄 여행 오셨나 봐요?"

"아니요. 내일 파리를 가는데 이곳이 경유지라."

"파리요? 우와 진짜 좋겠다! 나도 언제 가봐야 하는데. 얼마나 머물러요?"

"돈이 떨어질 때까지요. 계획은 한 8개월쯤."

"우와! 공부하러 가는 거예요?"

"아니요. 그냥 가요."

Moon이 본 도쿄. 도쿄는 화려하지만 너무 조용해서 숨이 막혔다. 우리의 마음을 따뜻하게 해준 건 나리타 공항에서 우연히 만난 유학생 아줌마의 응원과 그가 건네준 1,000엔이었다.

나를 혁명가로 만들지 마라

"네? 무작정?"

"네."

그녀는 도쿄에서 한국 반찬 가게를 하는 30대 초반의 유학생이었다. 공부를 하고 싶은 마음에 지금의 우리처럼 무작정 떠나왔으나, 유학생인 남편과 결혼하면서 학비를 벌려고 3년 전에 반찬 가게를 냈다고 했다. 젊음 하나 믿고 도전한 외국 생활이 생각처럼 쉽지 않았던 모양이다. 그동안 한국인에 대한 편견과 싸우며 살아온 이야기를 하는 그녀의 눈가가 살짝 붉어졌다.

그러나 지성이면 감천이라 했던가. 안간힘을 쓰던 그녀에게 뜻밖의 귀인이 한국에서 날아들었으니, 그가 바로 '욘사마'였다. 욘사마가 한류 붐을 일으키면서 그녀의 반찬 가게에는 일본의 아줌마 고객들이 폭발적으로 늘어났다. 문화가 정치보다 백배는 낫다. 반찬도 팔아주고 말이다.

그녀는 욘사마 덕분에 도쿄에서 자리 잡고 살게 되었다. 하지만 외국에서 그 누구의 도움도 없이 산다는 게 무엇인지 누구보다도 잘 알고 있었다. 무작정 파리로 간다는 우리를 바라보는 그녀의 눈에는 동정과 연민이 그렁그렁 차올랐다. 그녀는 젊은 날 한국을 떠나온, 당돌했지만 남루했던 그녀의 청춘을, 우리를 보며 되새김질하고 있는 듯했다. 그녀는 내릴 때가 되자 이메일 주소가 적힌 쪽지를 내밀었다. 1,000엔과 함께.

"많이 못 드려서 미안해요. 젊음을 마음껏 즐기는 것 같아 보기 좋네요. 제가 일본에 처음 올 때가 생각나요. 파이팅!"

말문이 막혔다. 지하철 문이 열리고 그녀는 영화의 한 장면처럼 서서히 멀어져갔다. 너무나 고마운데 너무나 슬픈, 말로 다 표현할 수 없는 그 어떤

감정 때문에, 쓰디쓴 그러나 뜨거운 감동의 쓰나미가 밀려들었다. 우리는 할 말을 잊고 차창 밖으로 멀어져 가는 그녀의 모습을 바라보았다.

"Lee! 정말 고마운 분이셔. 우리가 밥을 굶을지도 모른다는 생각을 하셨나 봐. 이렇게 돈까지 주시다니. 역시 우리가 초라해 보이나 봐."

"멍충이!"

그녀의 한마디에 한없이 젖어들던 나의 감정은 꿈에서 깨어나듯 제자리로 돌아왔다. 다음 역이 신주쿠란다. 이제 우리도 내려야 한다.

너무 조용한 도쿄

밖으로 나오자 사람들이 역 앞을 가득 메우고 있었다. 높이 솟은 빌딩과 영화 스크린처럼 거대한 광고판이 점령한 거리엔 검은색 양복을 입은 직장인과 짧은 교복 치마를 입은 여고생들 그리고 화려하게 치장한 젊은이들이 뒤섞여 독특한 에너지를 뿜어내고 있었다. 그런데 가슴이 답답했다. 회색빛 하늘 때문이었을까? 숨이 턱 막히는 느낌이 들었다. 우리는 이 영문을 알 수 없는 불쾌한 기분에서 벗어나기 위해 Lee의 친구 상아와 약속한 장소로 서둘러 떠났다. 그녀는 한국에서 대학을 다니다 중퇴하고 일본으로 건너와 유학 생활을 하고 있었다. 밤과 새벽에는 아르바이트하고 낮에는 공부하는, 주경야독이 아니라 야경주독하는 열혈 청년이었다.

유학을 온 지 2년 되었다는 그녀의 일본어 실력은 꽤 유창했다. 우리는 그녀에게 의지하며 도쿄의 이곳저곳을 돌아다녔다. 그녀는 일본에 왔으니 초밥을 먹어야 한다며 우리를 아주 유명하다는 일식집으로 데리고 갔다. 엄청난 물가에 비해 가격이 저렴하면서 맛 또한 좋은 가게라고 했다. 우리는

나를 혁명가로 만들지 마라

메트릭스 같은
도쿄의 지하철은
사하라 사막 처럼 건조 했다.

이것은 침묵 일까? 고요함 일까?
무엇일까?

ちんもく?

도쿄의 지하철 분위기는 사하라 사막처럼 건조했다. 이 막막한 건조함에서 벗어나고 싶다고 생각할
즈음 다행히도 지하철이 나리타 공항에 도착했다.

흥분했다. 저절로 군침이 돌았다.

그런데 이상했다. 가게 안에 사람이 가득한데도 왁자지껄한 분위기는 찾아볼 수 없었다. 조용하다 못해 답답했다. 사실 비행기에서 내린 순간부터 느낀 건데 일본은 너무 조용했다. 지하철, 버스, 상점 어느 곳에서든 행동하기가 조심스러웠다. 상아는 남에게 피해를 주는 것을 큰 실례라고 생각하는 일본인들의 성격 때문이라고 했지만, 너무 조용해서 오히려 불편했다. 게다가 저렴한 초밥을 마음껏 즐길 수 있으리라는 우리의 기대는 처음부터 빗나갔다. 스시 두어 개 올려져 있는 접시 하나가 100엔이었다. 일본에서 저렴한 가격이라지만 우리의 주린 배를 채우기엔 만만치 않은 가격이었다. 일본을 방문한 사람들이 물가에 대한 압박 때문에 처음에 돈 쓸 때 마음껏 쓰기가 어렵다더니 이를 두고 한 말인가 싶다. 우리는 허기진 배를 부여잡고 서둘러 가게를 나왔다.

밤이 되자 거리에는 수많은 네온사인이 불을 밝히기 시작했고, 인파도 기하급수적으로 늘어났다.

"상아야, 일본에서 공부하니까 좋아?"

"응. 피곤하고 가끔은 서러울 때도 있지만 여기에 있는 게 좋아. 아무도 나를 모르잖아. 한국에서처럼 대학, 전공 같은 거 따지지도 않고. 여기서는 외국인이지만 맘 편히 공부할 수 있어. 그렇지만 일본도 한국의 비정규직 문제같은 사회 문제를 갖고 있어."

도쿄 역시 살기 쉬운 곳은 아니었다. 잠시, 우리의 목적지인 파리를 떠올렸다. 사회 문제에서조차 주인공이 될 수 없는 외국인으로 산다는 것이 두렵다는 생각이 들었다. 나는 내 안의 불안한 그림자를 지우려고 일부러 밝은

나를 혁명가로 만들지 마라

표정으로 말했다.

"그래! 우리 어디서든 열심히 살자."

우리는 상아와 헤어졌다. 짧지만 긴 여운이 남는 만남이었다. 매트릭스 같은 복잡한 지하철을 타고 우리는 나리타 공항으로 향했다. 밤이 되어서도 여전히 지하철은 조용했다. 아무도 서로에게 신경을 쓰지 않았다. 상아의 말로는 일본인들은 겉으로는 태연한 척하지만 속으로는 모든 것에 관심이 많다고 했다. 나는 혹시 나를 관심 있어 하는 이가 있는지 궁금해서 주변을 둘러보았다. 화려한 도쿄 시내와 달리 지하철의 분위기는 사하라 사막처럼 건조했다. 이 막막한 건조함에서 벗어나고 싶다고 생각할 즈음 다행히도 목적지에 다다르고 있었다.

우리는 항공사에서 내어준 호텔에서 식사까지 제공받으며 하루를 묵게 되었다. 호텔은 우리의 기대보다 훨씬 화려했다. 돈 냄새가 물씬 풍겼다. 우리는 호텔 뷔페에 가서 마치 기네스북에 오르려고 시합이라도 벌이는 사람들처럼 빠른 시간 안에 엄청난 음식들을 해치웠다. 내일 파리행 비행기를 타려면 충분한 영양 보충이 필요했다.

하루라는 아주 짧은 시간 동안 우리가 본 것은 도쿄 그 자체라기보다는 도쿄의 이미지에 불과했을지도 모른다. 우리가 보았던 도쿄는 화려한 현대 도시의 모습을 하고 있었지만 그 이면에는 현대 도시답지 않은 조용함, 침묵 같은 것이 깊이 스며들어 있었다. 그들은 개인의 자유, 혹은 편리를 위해 조용한 것일까? 아니면 일본이라는 공동체를 위해 침묵을 내재화하는 것일까? 아시아적 자본주의의 상징인 이 도시에서는 왜 역동성이 느껴지지 않는 것일까? 나는 도쿄의 조용함이 궁금했다. 그리고 은근히 겁이 났다.

국경에 대한 상상력

공항에서 만난 국경

나리타 공항에서의 기다림이 여섯 시간째 계속되고 있었다. 연발이었다. 잠도 청하고, 책도 보고, 사람들 구경도 하고……. 그런데도 시간은 천천히 흘러갔다. 제대를 앞둔 병장의 마음처럼 한 시간이 마치 1년 같았다. 비행기를 기다리는 와중에도 파리 생각에 흥분되는 마음은 쉽게 진정이 되지 않았다. 나는 자꾸 창밖을 내다보았다.

"근데, Lee! 우리 도착하면 어디서 자지? 호텔이나 민박 예약해뒀지?"

"몰라? 네가 알아본 거 아니야?"

잠시 정적이 흘렀다. 그리고 다시 창밖을 바라봤다. 정말 한심하다. 파리를 가겠다고 6개월 넘게 준비하면서 첫 밤을 보낼 잠자리 하나 예약하지 않다니.

후회와 탄식이 밀려왔다. 그러나 이렇게 손 놓고 있을 수만은 없었다. 서둘러 컴퓨터를 찾았다. 그리고는 프랑스 교민 정보 사이트에 글을 올렸다.

나를 혁명가로 만들지 마라

'지금 출발하기 10분 전입니다. 내일 오전 픽업과 민박이 필요합니다.'

다행히도 5분 만에 픽업과 민박이 45유로(한화로 6만원 안팎)에 가능하다는 답글이 하나 올라왔다. 따지고 말고 할 게 없었다. 우리는 파리로 오케이 사인을 보냈다.

비행기는 열두 시간을 날아간 뒤 날개를 접었다. 드디어 파리에 도착했다. 우리도 모르는 사이에 수많은 국경을 지나고 대륙을 건너왔다. 샤를 드골. 엄밀히 말하면 공항이었지만 이곳은 프랑스의 국경이기도 했다.

대한민국은 국경이라는 공간적 감각이 실감이 나지 않는 곳이다. 북쪽은 막혔고, 나머지는 모두 바다이니 국경은 우리의 상상력 안에 자리를 잡지 못하고 있었다. 고등학교 수학여행 때 국가 분단의 현실을 마치 관광지처럼 구경했던 것이 나의 유일한 국경선 체험이었다. 그러나 슬프게도 넘을 수 없는 곳이므로, 그곳이 국경선이라는 느낌이 들지 않았다. 국경을 넘는

샤를 드골 공항. 드디어 파리에 도착했다. 우리는 수많은 국경을 지나고 대륙을 건너왔다. 그곳은 공항이었지만 우리에게는 프랑스의 국경이기도 했다.

행위는 나에게 늘 무리한 상상력을 요구했다.

2005년에 인도에서 네팔로 입국한 적이 있다. 그때 내 생애 처음으로 국경을 넘었다. 단돈 미화 25달러를 지불하니 국경선을 넘을 수 있었다. 이렇게 쉽게 국경을 건널 수 있다는 사실이 당황스러웠다.

"뭐야, 이거!"

어처구니가 없었다. 국경을 넘은 것이 아니라 행정구역으로 나뉜 이 동네에서 저 동네로 건너온 느낌이었다. 나의 이런 황당한 기분과 달리 그곳 사람들에게는 국경선이 불편해 보였다. 이렇게 쉽게 넘을 수 있는 게 국경인데 왜 여권과 미화가 필요한지 이해하기가 어려웠다. 그곳 주민들도 처음엔 기후와 풍습, 생활 영역이 같은 공간에 어느 날 갑자기 그어진 이 황당한 선과 출입국 시스템 때문에 무척 당혹스러웠을 것이다. 국경은 그저 수천 년간 자유롭게 옮겨 다니던 이동의 자유를 억압하는 그 무엇으로 보였다.

하지만 경계선이 있는 '장소로서의 국경' 그 자체는 흥미로웠다. 다른 언어와 문화 그리고 사람들이 뒤섞여 만들어내는 국경 도시만의 매력이 있었다. 사람과 문화가 불화하는 듯 화합하는 낯선 아름다움 같은 게 느껴졌다. 영화 「투루먼쇼」를 본 후 하늘과 바다가 만나는 곳에서 새로운 세상의 문이 열릴 것 같았던, 제주도의 소년이 꿈꿨던 특별한 세상이 이런 곳일지도 모른다는 생각이 들었다.

국경 도시의 독특한 매력을 알고부터는 공항으로 입국하는 것이 정말 재미없는 일이 되어버렸다. 홍콩, 인천, 도쿄의 공항과 특별히 다른 게 없는 드골 공항에서 프랑스만의 특색을 느끼기는 어려웠다. 그래도 한 나라의 관문인데 말이다.

나를 혁명가로 만들지 마라

아! 파리 입성

어쨌든 우리는 우여곡절 끝에 파리에 첫발을 내디뎠다. 여기저기서 들리는 물개 소리 같은 불어가 우리가 파리에 왔다는 것을 실감시켜주었다. 빨리 공항 밖으로 나가고 싶었다. 하지만 우리 앞에는 입국 심사대가 기다리고 있었다. 우리의 관광 비자는 3개월짜리였는데 리턴 비행기 표의 기한은 1년 뒤였다. 입국이 거부되지 않을까 긴장되었다. 머릿속에 무식한 동양인이 입국을 거부당하는 아주 창피한 그림이 그려지고 있었다. 내가 입국을 거부당하면 Lee는 혼자서 파리로 도망칠까? 뭐 이런 상상을 하면서.

우리는 비행기 안에서 입국 심사를 위해 달달 외워놓은 대본을 마지막으로 다시 확인했다. '난 일 년 동안 세계 여행을 할 거요!', '아름다운 파리에 그림을 그리러 왔소!' 같은 아주 유치한 대답이었지만 파리로 들어서기 위한 마지막 단계를 망치지 않으려고 우리는 심혈을 기울였다.

그런데 어찌 된 일인지 입국 심사원은 한국 여권인 것을 확인하고는 바로 통과시켜 주었다. 게다가 Lee의 입국 심사원은 점심시간이라는 이유로 여권을 보다 말고 갑자기 밥을 먹으러 가버렸다. 너무 황당했지만 덕분에 우리는 걱정했던 것보다 아주 편하게 프랑스 땅을 밟게 되었다. 넘기 힘들지도 모른다며 마음 졸이던 국경을 아주 잠깐 서 있다가 걸어서 넘은 셈이다. 너무 쉽게 통과해서 그랬을까? 실제로는 열두 시간 만에 도착한 나라인데 기분은 이웃 동네를 걸어서 방문한 듯한 느낌이 들었다.

픽업과 민박을 약속했던 한국 유학생이 공항 앞에서 우리를 기다리고 있었다. 오래된 갈색 르노 자동차를 타고 파리 시내로 접어들었다. 그는 친절한 설명을 곁들이며 운전을 했지만 그의 목소리가 귀에 달라붙지는 않았다.

상상 속에서 존재했던 파리가 내 눈앞에 영화처럼 펼쳐졌다. 모든 것이 새로웠고 아름다웠다.

우리는 파리로 진격하고 있는 심정이었다. 두 주먹을 꽉 쥔 우리는 비장했다. 격한 긴장을 풀어준 것은 이국의 풍경이었다. 새로웠다. 그리고 아름다웠다. 사진으로만 보던 파리의 거리와 건물들을 눈앞에서 보고 있자니 현실감이 들지 않았다. 갑자기 생소해진 환경과 날씨, 사람들. 이 모든 것이 우리를 긴장하게 했지만, 그것은 기대감에서 오는 즐거운 긴장이었다. 우리는 아무 말도 하지 않은 채 각자의 상념에 잠겨 파리를 눈에 넣고 있었다.

정확히 알 수는 없지만 기록에 의하면 유럽 대륙으로 들어온 최초의 한국인은 루벤스의 그림에 등장하는 주인공이다. 「한복 입은 남자(A Man in Korean costume)」의 모델이 되었던 조선인. 그는 임진왜란 때 포로로 잡혀가 나가사키에 거주하다가 1598년 '카를레티'라는 상인에게 팔려 이탈리아까지 가게 되었다. 그의 이름은 '안토니오 꼬레아'라고 전해진다.

처음 유럽에 발을 내딛던 순간 그의 기분은 어땠을까? 낯선 풍경과 생김새가 생경한 사람들을 보았을 때 그는 어떤 감정이었을까? 그도 지금의 우리처럼 유럽을 동경한 적이 있기는 할까?

400년이 지나고 나서 안토니오 코레아의 후손인 우리는 그와는 너무 다른 경로로 수백 년 동안 예술의 수도라 불리어온 파리에 첫발을 내디뎠다. 그의 시대와는 상상할 수 없을 만큼 다른 환경에서, 상상할 수 없을 만큼 다른 삶을 살아온 우리는 이제 어떤 삶을 살게 될까? 파리의 거리를 달리는 우리의 머릿속은 숱한 질문과 상념, 기대감을 동반한 긴장감이 알맞게 뒤섞여 있었다. 파리에서의 첫날은 그렇게 시작되고 있었다.

파리에서 방 구하기

하늘 월세방!

파리에서 첫날밤을 보낸 곳은 말라코프의 한 아파트였다. 한국의 유학생이 한 달 가까이 집을 비우게 되었는데, 픽업을 해주었던 유학생의 소개로 그곳에 머물기로 했다. 말라코프는 파리와 일드 프랑스가 만나는 지점에 있는 도시로, 우리나라로 치면 서울과 안양의 경계에 있는, 행정 구역 상으로는 파리 15구에 속하는 작은 동네이다. 홍세화 선생이 파리 망명 시절 말라코프의 한 고등학교에서 택시 운전면허 시험을 보았다고 한다.

우리는 그곳이 마음에 들었다. 작고 조용한 카페와 식당 몇 개가 있는 게 전부였지만, 우리가 상상하던 전형적인 유럽의 작은 마을 이미지를 갖고 있었다. 파리 시내처럼 삭막하지 않았고, 마음에 드는 카페도 있었다. 가까운 곳에 영화도 상영해주고, 그림 전시회와 음악회도 자주 열리는 도서관이 있어서 호사스런 여유까지 즐길 수 있었다. 몇 주 지내지 않았지만 우리가 즐겨 찾은 카페의 주인아저씨와는 서로 반갑게 인사도 하고 저녁에는 술까지 권하는 친한 사이가 되었다.

나를 혁명가로 만들지 마라

우리는 말라코프가 정말 좋았다. 한 번은 파리지엔이 파리에서 가장 좋은 곳이 어디냐고 묻기에 에펠탑도 루브르도 아닌 말라코프를 외쳐 그들을 당황하게 하였다. 물론 그들은 말라코프의 존재조차 잘 모르고 있었다. 말라코프는 파리지엔에게는 그런 곳이었다.

파리에 오기 전, 꿈에 부풀어 파리에 가면 가장 먼저 무엇을 할까 항상 생각했었다. 전시회 관람? 파리 입성 기념 파티? 아니면 센 강변 산책? 그런데 우습게도 우리가 제일 먼저 한 일은 집 구하기였다. 말라코프의 방은 곧 비워주어야 했기에 우리는 가능하면 빨리 새집을 알아봐야 했다. 정식적인 절차로 파리에서 집을 구하려면 보증인이 필요했다. 그 당시만 해도 지인이라고는 카페 주인아저씨밖에 없었으니, 파리에서 보증인 구하기는 안드로메다에 다녀오는 것만큼이나 힘든 일이었다.

우리는 사정이 생겨 유학생들이 잠깐씩 비우게 된 집을 전전하며 살았다. 처음에는 그 또한 작은 낭만이었지만 나중에는 정말 고달프기 짝이 없었다. 타국에서 아는 사람 없고 돈 없는 자의 설움이란 뭐 이런 거 아니겠는가? 지금이야 웃으면서 이야기하지만 그때는……, 참 서글펐다. 우리는 여덟 달 동안 여섯 번이나 이사를 했다. 5개월 동안만 한곳에서 살았고 나머지 3개월 동안 모두 다섯 번 이사를 했다. 아마 몽골의 유목민도 이 정도는 아닐 것이다. 이 사실만 봐도 우리가 어떻게 살았는지 감이 올 것이다.

살인적인 임대료를 자랑하는 파리의 중심부나 16구 같은 부촌은 우리에게 꿈같은 곳이었다. 그러나 역설적으로 교통비를 줄이려면 시내 중심부와 가까운 곳에 살아야 했다. 우리는 집을 구하려고 파리의 중심부터 외곽까지 안 가본 곳이 없었다. 그러던 어느 날, 파리 6구에 정말 저렴한 가격에 집

이 나왔다는 정보를 입수했다. 설마 하며 그곳으로 달려갔다. 몽파르나스에서 10분 거리에 있는 곳이었는데, 집 앞에 도착했을 때 대문과 조각상이 너무 크고 화려해서 깜짝 놀랐다. 내부 또한 화려했다.

우리가 안내된 곳은 그 건물의 가장 후미진 곳이었다. 좁은 계단을 지나 다다른 곳은 다락방이었다. 분위기가 건물의 첫인상과 너무 달라, 마치 극과 극을 보여주는 영화 세트장에 온 것 같은 느낌이 들었다. 하지만 다락방 문을 여는 순간 우리는 탄성을 질렀다.

바로 이런 곳이었다. 우리가 파리를 상상하며 꿈꾸던 집! 따스한 햇볕이 작은 창문으로 들어와 방 안을 환하게 비추고 있었다. 아늑했다. '이런 곳에서 살아야 파리지엔 아니겠어?' 이런 말이 절로 나왔다. 고민할 필요가 없었다. 우리는 바로 계약하고 이사를 했다. 5개월 동안, 꿈같은 곳에서 생활할 생각을 하니 너무 행복했다.

88만원 세대의 불온한 상상

집을 구하러 온 도시를 헤집고 다닐 때 가장 많이 들었던 단어가 '학생 비자와 체류증'이었다. 처음엔 집과 학생 비자가 무슨 상관이 있는지 이해하지 못했다. 알고 보니 프랑스는 주택 보조금 제도로 학생들의 주거권을 보장해주고 있었다. 주택 보조금 제도는 카프(CAF)라는 기관에서 집세의 30~80%를 보조해주는 제도이다. 심지어 외국인 유학생이나 어학 연수생이라도 학생 비자를 받고 체류증을 얻게 되면 이 제도의 혜택을 프랑스 학생들과 똑같이 받을 수 있었다. 인재들이 돈이 없어서 공부할 기회를 놓치게 될지도 모르는 상황을 애초에 방지하자는 취지라고 했다. 바보같이 우

나를 혁명가로 만들지 마라

리는 모든 것으로부터 자유로워지겠다는 생각을 실천하다가, 이런 환상적인 제도로부터도 아주 자유롭게 되어 버렸다. 머리가 멍청하면 손발이 고생한다는 게 틀린 말은 아니었다.

생각하면 머리가 아프지만 그래도 이쯤에서 한국 이야기를 좀 해야겠다. 나는 대학에 진학하면서 부모님으로부터 독립하게 되었다. 입학과 동시에 학교에서 가까운 곳에 작은 방 하나를 얻었다. 나만의 공간이 생긴 것이다. 아주 작은 싱크대와 한 사람이 들어가면 꽉 찰 것 같은 화장실, 창문 하나가 있었다. 작았지만 그곳에서 나는 빨래도 하고, 밥도 해먹고, 공부도 했다. 모든 생활이 내 의지대로 움직였다. 한 번 컵을 놓아두면 그 컵은 내가 치울 때까지 그곳에 있었다. 방에서 담배를 피우든 쓰레기를 던져놓든 눈치받을 일도 없었다.

신입생 생활에 긴장감을 느끼긴 했지만, 어땠든 작은 방에서 나는 무한대로 자유로웠고, 매일 밤 친구들과 노래를 부르면서 술을 마실 수 있었다. 나만의 공간에서 누구의 눈치도 보지 않으면서 평생 느껴보지 못한 자유를 만끽하게 된 것이다. 그러나 이 자유를 얻으려면 엄청난 대가를 치러야 했다. 시간이 지날수록 원룸의 월세는 대학 등록금과 경쟁을 하듯 매년 상승 곡선을 그리며 나의 자유를 위협했다.

군대에 다녀온 뒤 복학을 하자 대학가에도 양극화 현상이 뚜렷하게 나타나고 있었다. 보증금이 등록금보다 훨씬 비싼 원룸이 생겨나고, 이름도 생소한 외제차를 타고 다니는 학생도 나타났다. 학교에서 가까운 고급스러운 원룸촌은 대학가의 강남이라 불렸다. 주머니 사정이 궁핍했던 나는 점점 대학가에서 멀어졌고, 줄일 것도 없는 방의 평수 또한 점점 더 작아졌다. 방학이 되면 많은 친구가 등록금은 물론 원룸을 얻기 위해 죽도록 아르바이트를 했

파리의 다락방. Lee와 나는 몽파르나스 근처 쉐쉐미디의 한 다락방에서 5개월을 살았다. 좁고, 춥고, 덥고……, 한 마디로 모든 조건이 최악이었지만 그래도 그곳은 꿈꾸는 다락방이었다.

나를 혁명가로 만들지 마라

다. 이런 상황에서 부모로부터의 경제적 독립은 쉬운 일이 아니었다. 고시원 월세조차 감당하기 쉽지 않은 사회에서 독립 따위는 허황한 꿈이었다.

나는 매년 이사에 이사를 반복했다. 우리는 언제 공부를 하고 언제 봄날 같은 청춘을 즐길 수 있는 것인가? 학자금 대출로 대학 졸업자들은 평균 1,126만원의 빚을 지고 있다고 한다. 청년 실업률이 10%를 넘어선 지 오래고, 그 숫자는 100만명을 훌쩍 넘어선 뒤 내려올 줄을 모른다. 취직을 해도 인턴과 비정규직을 떠도는 사람이 부지기수다. 거기에 주거권조차 보장받지 못하는 20대. 슬프지만, 이것이 대한민국 20대 앞에 놓인 현실이다.

책상 하나 놓고 겨우 몸을 누일 만큼의 작은 방 한 칸이 경쟁과 억압 그리고 세상의 온갖 눈치로부터 벗어날 수 있는 유일한 공간이었으나, 그곳은 동시에 '나'를 가두는 감옥이기도 했다. 자유를 위해 공간을 찾았으나 그 공간은 어느 순간 세상으로부터 멀어지고 고립되는 '섬'이었던 것이다. 자유, 가난, 고립이라는 단어가 두서없이 충돌하는 대학가의 허름한 원룸엔 장마철의 곰팡이처럼 88만원 세대의 슬픔과 절망이 무럭무럭 피어나고 있었다.

나는 프랑스 학생들이 부러웠다. 아니, 프랑스에서 공부하는 세계의 모든 유학생이 부러웠다. 그리고 화가 났다. 입으로는 대한민국의 미래라면서 정부도 대학도 20대의 주거 문제에는 조금도 관심이 없다. 나는 종종 이명박 정부가 4대강 사업을 멈추고 그 돈으로 기숙사를 짓거나, 20대를 위한 임대 주택을 건설하거나, 혹은 프랑스처럼 학생들에게 주거 보조금을 지급하는, 뭐 이런 아주 행복한 상상을 해본다. 여전히 기성세대는 20대의 주거권에 눈길 한 번 주지 않지만, 그래도 나는 열심히 불온한 상상을 한다.

자유의 공간을 위해!

눈물의 첫 외식

Lee의 생일이다

우리는 파리 근교 말라코프의 아파트에서 3주를 산 뒤 첫 번째 이사를 했다. 파리 6구 몽파르나스 근처 렌느역에서 멀지 않은 쉐쉐미디(cherche-midi)라는 곳이었다. 꿈에 그리던, 우리에게 파리지엔의 일상을 선사해줄 것 같던 다락방이었다. 그러나 다락방은 역시 다락방이었다. 여름에는 덥고 겨울에는 추웠으며, 특히 방음 시설은 정말 꽝이었다. 옆방에도 연인이 살고 있었는데, 밤마다 열정적인 사랑을 나누느라 내는 신음 소리에 잠을 이룰 수 없는 날이 하루 이틀이 아니었다. 싱크대의 하수구는 왜 그렇게 잘 막히는지, 물을 버릴 때마다 가슴이 조마조마했다. 게다가 좁아터진 싱글룸에서 둘이 지내려니, 한 명은 침대에서 한 명은 바닥에서 하루하루 돌아가면서 잠을 청해야 했다. 바닥에서 자는 날에는 문틈으로 들어오는 한기를 참아내기가 쉽지 않았다. 정말 지지리 궁상이란 말이 우리에게 '딱'이었다.

하지만 좀 그러면 어떠한가! 어차피 호강하러 온 것도 아닌데. 우리는 그

나를 혁명가로 만들지 마라

작은 방에서 친구들과 파티도 하고 그림도 그리고, 어떤 날은 밤새도록 토론을 했다. 아침이 밝아오면 가끔 초대하지 않은 새 한 마리가 들어와 우리에게 노래를 불러 주었다. 밤이면 에펠탑에서 뿜어내는 빛이 창으로 쏟아져 들어와 방을 밝혀 주었고, 우리는 그 빛을 받으며 치즈와 와인을 즐겼다. 비록 우리 집은 아니었지만, 그곳은 우리만의 세상이었다.

쉐쉐미디는 파리에서 중상류층이 사는 동네로, 몽파르나스 쇼핑센터와 봉마쉐라는 고급 백화점에서 가까웠다. 게다가 생제르맹데프레와 소르본 그리고 뤽상부르 공원까지 걸어서 갈 수 있었다. 우리는 이곳에서 5개월을 살았다. 돈이 없는 우리가 파리 중심부와 가까운 곳에서 이렇게 오래 지낼 수 있었던 것은 정말 행운이었다.

사실 이곳이 파리의 관광 책자에 나올 만큼 유명한 장소는 아니다. 몽파르나스의 전망대나 봉마쉐 백화점이 전부지만, 파리의 골목처럼 이곳에도 수많은 보물 창고가 있다. 메인 스트리트인 쉐쉐미디엔 식당뿐 아니라 오래된 서점과 액세서리 가게, 주방용품 판매점에서 슈퍼까지 파리지엔의 하루를 엿볼 수 있는 가게가 많았다. 아침 일찍이 빵을 사는 사람들, 작은 공원에서 여유롭게 점심을 즐기는 모습, 쇼핑하는 파리지엔, 우아한 레스토랑에서 저녁을 먹고 따바(tabac)에 들러 술 한 잔으로 하루를 마감하는 파리지엔까지, 관광객이 섞여 있지 않은 파리지엔만의 하루를 온전하게 볼 수 있었다.

일본의 관광 책자에는 이곳 카페와 식당이 몇 군데가 소개되어 있기는 하다. 워낙 쇼핑을 좋아하는 터라 봉마쉐를 찾아오는 일본인들이 많아 유명해진 모양이다. 그래서 일본인 친구인 츠요시 일당은 우리 동네에 오는 것

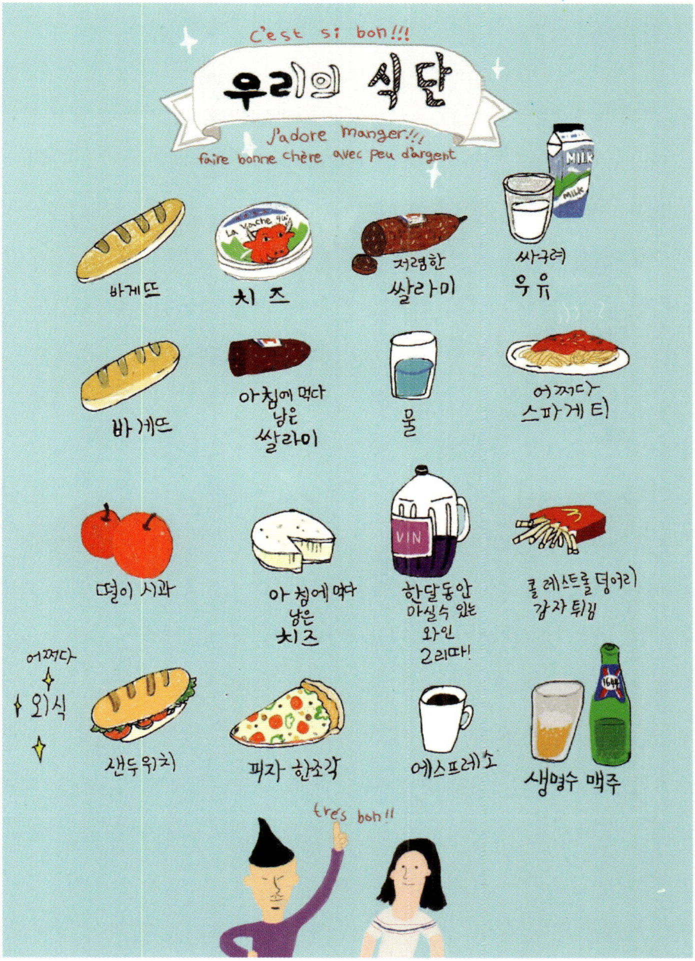

C'est si bon!!!

우리의 식단

J'adore manger!!!
faire bonne chère avec peu d'argent

바게뜨 · 치즈 · 저렴한 쌀라미 · 싸구려 우유

바게뜨 · 아침에 먹다 남은 쌀라미 · 물 · 어쩌다 스파게티

떨이 시과 · 아침에 먹다 남은 치즈 · 한달동안 마실수 있는 와인 2리따! · 쿨 레스토랑 덩어리 감자 튀김

어쩌다 외식 · 샌드위치 · 피자 한조각 · 에스프레소 · 생맥주 맥주

très bon!!

얄팍한 주머니 사정 때문에 우리의 식단은 보잘 것이 없었다. 프랑스식 싸구려 패스트푸드로 때우는 일이 반복되고 있었다.

 나를 혁명가로 만들지 마라

을 매우 즐거워했다. 게다가 가끔 영화 「러브레터」의 주연 배우 나카야마 미호가 봉마쉐에 나타난다는 소문도 있었다. 우리가 그녀를 직접 본 적은 없지만, 거리를 걷다가 나도 모르는 사이 한 번쯤 스쳐 지나갔을지도 모른다는 생각이 들면, 괜히 즐거워져 호들갑을 떨고 싶어졌다.

우리가 파리에 도착한 지 4주째 되어가던 어느 날, 달력을 들여다보니 Lee의 생일이었다. 4주나 되었지만 우리는 밖에서 밥을 먹어본 적이 없었다. 메뉴판을 볼 줄 모르는 부끄러움에 가격에 대한 막연한 두려움까지 더해져, 언제나 레스토랑에서 칼질하는 파리지엔이나 관광객을 부러운 눈길로 바라보기만 했었다.

우리도 일을 내기로 결정했다. 그래도 파리에서 맞는 Lee의 생일이 아닌가. 우리는 해가 저물 즈음 꽤 큰(?) 돈을 가지고 쉐쉐미디 거리를 용감하게 어슬렁거리기 시작했다. 여기저기 골목을 쑤시고 다니다가 부담스럽지 않아 보이고 분위기가 아늑한 작은 레스토랑을 발견했다. 깔끔하게 치장한 하얀 인테리어가 돋보였으며, 창가엔 연붉은 조명이 흐르는 식당이었다. 마리테. 이름도 마음에 들었다. 우리는 당당하게 걸어가 레스토랑 입구에 놓여 있는 메뉴를 살펴보았다. 하지만, 아무리 봐도 메뉴 내용을 이해할 수 없었다. 그래도 우리는 용감하게 그냥 가게 안으로 들어갔다. 사실 이판사판이었다. 입에도 맞지 않는 딱딱한 나무 조각 같은 바게트만 먹고 지낸 몇 주 동안 배에 기름기가 쫙 빠져버린 상태였다.

청바지 차림에 인상 좋아 보이는 중년 아저씨가 우리를 반가이 맞아 주었다. 아저씨의 미소 때문에 긴장했던 마음이 한결 편안해졌다. 주방 안에서는 앞치마를 두른 아주머니가 책을 읽고 있었는데 그 모습을 보니 식당이

라기보다 가정집에 들어온 기분이었다. 관광객이 아닌 것처럼 행동하려고 자연스럽게 메뉴판을 넘겨보았지만, 아는 단어라고는 빵, 물, 와인, 햄뿐이었고, 그 밖의 글자는 명사를 연결해 놓아서 일일이 해석하고 이해하기에는 역부족이었다.

마음먹고 돈 좀 써보려 했으나 이것 또한 마음대로 되지 않다니. 파리에서 돈 쓰는 것조차 우리에게는 크나큰 도전이었다. 메뉴판을 뒤적이다가 한참이 지나갔다. 아저씨가 웃으면서 새로운 메뉴판을 다시 건넸다. 나는 우리가 뭘 잘못한 줄 알고 잠시 당황했다. 손에 들고 살펴보니 영어로 된 메뉴판이었다. 아저씨는 우리에게 메뉴를 하나하나 설명하며 오늘의 요리를 추천해주셨다. 더불어 우리 가게에 오면 차와 케이크를 꼭 먹어야 한다는 조언까지 잊지 않으셨다.

오! 불타는 나의 식욕

얼마나 지났을까? 드디어 주방에서 우리의 요리가 나오는 게 보였다. 저쪽에서 향긋한 냄새가 밀려오기 시작하자 한편으로는 지난 4주 동안의 눈물겹도록 열악한 식사가 떠올라 가슴이 뭉클해지고, 도 한편으로는 온몸으로 퍼지는 식욕 때문에 흥분을 감출 수가 없었다.

"Merci!"

Lee가 소리치며 행복한 표정으로 포크를 들었다. 그러나 요리를 보는 순간 나의 표정은 일그러졌다. 노란 파스타 면발 아래로 육회가 보였다. 4주 동안 그리웠던 고기가 하필이면 내가 싫어하는 육회였다. 요리를 추천해준 아저씨에 대한 원망이 엄청나게 밀려왔다. 그런데도 고소한 향기가 자꾸

49

나를 혁명가로 만들지 마라

우리가 첫 외식을 한 레스토랑 마리테. 프랑스 가정식 음식을 먹기에 좋은 곳이다. 우리는 어머니가
정성스레 차려준 밥상이 그리울 때면 종종 마리테를 찾았다.

나의 후각을 자극해, 눈앞에 놓여 있는 요리를 거부할 수는 없었다.

"감사히 먹겠습니다."

잠시 망설이다가 혼자 한국말을 읊조리며 포크로 파스타를 돌돌 감아 입 안에 밀어 넣었다. 순간 심드렁하게 기운이 빠져 있던 혀의 미각 세포들이 일제히 아우성을 치며, 온몸을 흔들고 영혼을 깨웠다. 아니 이럴 수가! 갑자기 정신이 번쩍 들었다. 입 안에서 생각지도 못한 맛의 향연이 펼쳐지고 있었다. 깔끔한 올리브 향과 부드러운 고기의 조화, 이것이 내가 꿈꾸던 파리의 로망이었는지도 모른다. 그야말로 진정한 파리의 로망이 4주 만에 입 안에서 실현되고 있었다.

"뭐야! 파리 사람들은 매일 이렇게 맛있는 걸 먹고산다는 거야? 오~마이 갓!"

우리는 온 힘을 다해 열정적으로 식사를 마쳤다. 식사를 끝내고 나서야 Lee에게 생일 축하 인사를 하지 않았다는 걸 알았다. 역시 인간은 간사하다. 늦게나마 Lee의 생일을 축하해주고 후식으로 케이크와 커피를 선물해주었다. 케이크 역시 맛의 경지를 넘어 예술이었다. 세상에 이렇게 부드럽고 달콤한 케이크가 있다니. 에스프레소와 치즈 케이크의 콤비네이션은 삼겹살과 소주의 절묘한 조화가 내는 맛에 견줄 만했다. 역시 된장도 한국에서 먹어야 제 맛인 것처럼, 치즈 케이크도 원조인 서양에서 먹어보니 정말 달랐다.

감동의 케이크 때문에 눈시울이 뜨거워지려 하는데, 주인아저씨가 작은 책을 건네주었다. 웬 일본 책? 알고 보니 이 가게가 일본어로 된 파리 안내 책자에 나와 있다고 한 번 읽어달라고 했다.

나를 혁명가로 만들지 마라

"우리는 한국 사람입니다."

이젠 너무나 익숙해진 대답이다.

"아하, 그럼 이 글 못 읽어요?"

주인아저씨가 물었다.

머뭇거리자 아저씨가 웃는 얼굴로 알았다며 맛있게 먹으라고 했다. 사실 Lee는 일본어를 조금 읽을 수 있었다. 그러나 짧은 불어 실력이 문제였다. 그 뜻을 알아도 불어로 설명해줄 수가 없으니 프랑스에서 일어 실력을 발휘할 수가 없었다.

계산을 하려는데 아저씨가 커피 값을 받지 않았다. 아, 우리가 또 무언가를 잘못했나? 당황한 표정을 짓자 아저씨가 우리에게 한마디 건넸다.

"커피는 생일 선물입니다."

고마운 마음이 들었다. 우리는 뒤늦게 일본어 책자에서 이 레스토랑을 어떻게 소개했는지 들여다보았다.

'이 집의 케이크와 차는 파리에서 가장 맛있다. 저렴한 가격에 프랑스 가정식 요리를 먹기를 원한다면 마리테를 찾아라.'

나중에 안 일이지만 이 가게에는 점심이나 저녁 식사할 것 없이 언제나 동네 주민들로 가득 차 있었다. 고급 레스토랑처럼 화려하지는 않지만 진정한 프랑스 가정식을 원한다면, 이곳만큼 좋은 곳도 없다. 우리는 어머니의 밥상 같은 정성스러운 식사가 그리울 때면 종종 마리테를 찾았다.

개똥 천국, 파리가 이상하다

파리가 보이기 시작했다

우리는 우리에게 돈이 없다는 것을 누구보다 잘 알고 있었다. 그래서 무언가 계획하고 실행하기가 쉽지 않았다. 낮에는 카페 혹은 공원에서 공부하거나 수다를 떨고, 저녁이면 맥주를 마시거나, 그게 아니면 멕시코나 모로코의 인스턴트 음식을 사다가 세계 음식 탐험을 했다.

몇 주가 지나자 왜 이곳에 왔는지, 무엇을 할 것인가 등등의 고민이 꼬리에 꼬리를 물고 이어졌다. 왜 왔느냐고? 숨을 쉬고 싶었고 그림을 그리고 싶었다. 말 그대로 자유롭고 싶어서 파리로 왔건만, 멍석 깔아주면 평소에 잘하던 것도 못한다는 말이 있듯이, 갑자기 맛본 자유가 참으로 어색해서 제대로 감당하지 못하고 있었다.

경험하지 못한 자유가 우리의 삶으로 마구 밀려들었다. 착하게 살기, 좋은 대학 가기, 높은 토익 점수 따기와 같은 이상한 의무감을 강요받으며 살다가, 갑자기 아무것도 하지 않아도 눈치 볼 일이 없어지자 나중에는 죄의식마저 들었다. 생각해 보니 자유를 만끽하고 싶다는 생각에 갇혀 오히려 부

나를 혁명가로 만들지 마라

자유스러워진 것 같았다. 24시간을 나만을 위해 써본 적이 없는 나로서는 참으로 묘한 느낌이었다. 교도소에서 막 출소한 죄수 혹은 30년 이상 회사 생활을 끝내고 퇴직한 사람의 느낌, 뭐 그와 비슷한 상황이었다.

우리는 엉뚱하게도 어학원 등록으로 그 해답을 찾기로 했다. 사실 며칠 동안 아틀리에를 찾아다녔지만 우리의 짧은 불어 실력 때문에 적당한 아틀리에를 찾을 수 없었다. 그래서 일단 불어 문제를 해결하자고 어학원 등록을 한 것이다. 지금 와서 생각해 보면 무모한 선택이었다. 제정신이 아니고서는 지불할 수 없는 수강료를 생각하면 어학원 등록은 앞뒤가 맞지 않는 결정이었다.

며칠이 지나자 아차 싶었다. 개념을 한국에 두고 왔구나! 우리는 왜 말리지 않았느냐며 서로를 탓했다. 하지만 어쩌겠는가. 이미 엎질러진 물! 우리는 공부하는 김에 온 힘을 다하자며 공허한 '파이팅'을 외쳤다. 그렇게 우리의 실수를 어설프게 매듭지었지만 역시 가장 큰 문제는 돈이었다. 1.6유로나 하는 지하철 비용을 매일 두 번이나 지급하는 것 자체가 무리였다. 그 돈이면 바게트가 네 개요, 맥주가 두 잔. 적어도 반나절을 거뜬히 지낼 수 있는 돈이었다. 결국 우리는 발품을 팔기로 했다. 40분이 넘는 거리를 걸어 다니기로 한 것이다.

생각은 좋았는데 곧 사단이 났다. 사실 우리에게 문제가 생기지 않으면 그게 더 이상한 일이었다. 우리의 저질 체력을 미처 생각하지 못한 것이다. 아침 일찍 일어나 한참을 걸어 학원에 도착하면 이내 잠이 쏟아졌다. 정말 무식하고도 멍청했다. 파리의 변덕스러운 봄 날씨도 우리를 도와주지 않았다. 하루에 몇 번씩 비바람이 몰아쳤고, 우리는 그 비를 고스란히 맞으며 노상에서 옷 입은 채 샤워를 하기 일쑤였다. 그러면서도 우리는 우리의 무계획을 탓하지 않고 파리 날씨를 원망했다.

그런데, 어느 날부터인가 보이지 않던 것들이 하나 둘 눈에 들어오기 시작했다. 날이 좋은 날이면 센 강가에서 점심도 먹고 그림도 그리며 팔자에도 없는 호화로운 문화생활을 즐기는 우리를 발견했다. 시간이 갈수록 시야가 점점 넓어지는가 싶더니 이제는 지하철과 버스를 타면 볼 수 없는 파리의 소소한 일상이 보이기 시작했다. 파리지엔들이 아침 빵을 사려고 줄을 서는 모습, 어린 아이들이 등교하는 모습, 그리고 그들의 배경처럼 늘어선 파리의 아름다운 건물들이 시선 속으로 들어왔다. 노천 식당에 앉아 있는 파리지엔이 점심으로 어떤 음식을 먹는지 궁금해서 그들의 접시를 들여다보기도 하고, 해가 잘 들어 책을 읽기 좋은 카페를 발견하고는 콜럼버스가 신대륙을 발견한 것처럼 즐거워하기도 했다. 신기하게도 우리는 그렇게 파리 속으로 서서히 들어가고 있었다.

개똥, 쓰레기, 몰상식의 도시

그러나 파리에 언제나 낭만만 흐르는 것은 아니었다. 두 눈으로 직접 보고도 도저히 믿을 수 없는 오물들이 곳곳에 널려 있기도 했다. 좋게 말해서 오물이지, 실은 파리 여기저기에 지뢰처럼 도사리고 있는 개똥들이었다. 이 수많은 개똥은 어디서 나오는 것일까? 정말 개똥 가득한 파리였다. 그들이 워낙 애완견을 좋아하는 것을 알고는 있었지만 이렇게 많은 개똥을 그대로 두고 다닐 줄은 꿈에도 몰랐다. 그래도 개똥은 애교에 불과했다. 지하철의 오물들과 고약한 냄새는 먼 과거의 어느 도시를 여행하고 있는 것

나를 혁명가로 만들지 마라

같은 착각을 불러 일으켰다. 지하철역 안에서는 술에 취한 노숙자들이 사람들의 시선을 즐기는 듯한 표정을 지으면서 노상 방뇨를 했고, 파리지엔들은 아무 데서나 당당하게 흡연을 즐겼다. 그래도 뭐라고 하는 사람 하나 없으니, 한국에서는 상상도 못할 일이다. 골목 구석구석은 온갖 낙서와 스티커로 난잡하게 치장을 하고 있었다. 사실 낙서는 우리가 제일 좋아했던 것 중 하나이기는 했다. 하지만, 이건 우리가 꿈꾸던 파리가 아니었다. 우리가 상상한, 예술과 사랑의 향기가 넘치는 명품 도시는 도대체 어디로 가 버린 것일까? 이건 아니잖아! 이건 아니잖아! 정말이지 그땐, 집 나간 강아지를 찾듯 현상금을 걸고라도 사라져버린 '우리의 파리'를 찾고 싶었다. 일본 관광객이 파리를 찾았다가 졸도했다는 뉴스를 본 적이 있다. 파리의 아름다움을 기대하고 왔던 일본 사람이 쓰레기와 개똥이 널린 거리를 보고 충격에 빠져 그 자리에서 기절했다는 것이었다. 믿기 어려울 테지만 이 기사는 사실이었고 이런 사고가 종종 일어난다고 했다.

게다가 파리는 뜻밖에도 불편한 도시였다. 그럭저럭 불편한 도시가 아니라 생활을 제대로 유지하기 어려울 정도로 불편했다. 내가 고등학교 시절에 사용하던 컴퓨터보다도 못한 장비를 갖춘 피시방과 구석기 시대를 연상시키는 인터넷 속도는 나의 사이버 세계를 송두리째 흔들어 놓았다. 가장 힘든 일은 주말이 되면 온 도시의 가게들이 약속이라도 한 듯이 문을 닫아 버리는 것이었다. 가끔 주말 직전에 술에 취해 쇼핑할 기회를 놓치기라도 하면 속수무책으로 굶어야 했다. 더욱이 월요일이 공휴일이라도 되는 날에는 꼼짝없이 석회수가 상상 이상으로 녹아있는 파리의 수돗물로 배를 채우며 이틀이 넘는 시간을 기다려야 했다. 한여름에도 버스는 에어컨을 틀어주지

개똥 금지 표지판. 파리에는 개똥들이 마치 휴전선의 지뢰처럼 곳곳에 널려 있다. 개똥, 지하철의 오물과 고약한 냄새, 노상 방뇨를 하는 노숙자들. 파리는 예상 외로 불편한 도시였다.

나를 혁명가로 만들지 마라

않았고, 카페에서 주문한 콜라 속에는 얼음 한 조각 들어 있지 않았다.

마치 일부러 그러는 것처럼 파리는 계속해서 우리를 실망시켰다. 파리지엔들은 듣던 것보다 몇 배는 더 무미건조했고, 관공서 직원들과 가게 점원들은 대부분 불친절했다. 간혹 동양인이라고 대놓고 무시하는 무식한 인간들도 있었다. 카페에서 맥주를 마시는데 우리가 동양인이라는 이유로 자리를 피하거나, 우리에게 핑퐁(아시아인을 비하는 발언)을 외치면서 지나가는 몰상식한 행동도 서슴지 않았다. 마음속으로는 정말 거침없이 하이킥을 날려버리고 싶었다.

물론 그때까지만 해도 파리에 온 지 불과 몇 주밖에 지나지 않았고, 이번 여행이 처음이었기에 파리를 안다고 말할 수 있는 상황은 아니었다. 하지만 겉으로 드러난 파리의 인상은 낭만의 기운이 느껴지기는 하는데 개똥이 가득하고 사람들도 투박한 이상한 곳이었다. 그러나 여느 도시처럼 파리에도 사람이 살고 있으므로 더러움 또한 공존할 수밖에 없다는 사실을 깨닫고 나서, 나는 파리의 진정한 매력 무엇인지 다시 생각하기 시작했다. 그렇다면, 개똥은 무엇인가? 이 불편함을 그들은 왜 방임하는 것일까? 천성인가? 아니면 파리의 낙서처럼 이 또한 무언의 외침이거나 일종의 시민 저항인가? 모르겠다.

개똥 천국! 도대체 너의 정체가 뭐냐?

어학원에서 만난 일본 친구들

나 좀 도와줘요!

해외여행을 하면서 유독 빨리 친해지는 외국인이 일본 친구들이다. 일본인에 대해 특별히 친근감을 느끼는 것은 아니다. 아무래도 지리적으로 가깝고 정서와 문화적으로 우리와 비슷한 면이 많기 때문이 아닌가 싶다. 물론 불편한 점도 있다. 실제로 일본 친구들과 이야기를 하다 보면 임진왜란, 일제강점기, 그리고 독도 같은 민감한 역사 문제가 꼭 등장한다. 그런데 내가 만난 일본인 친구는 대부분 역사에 대해 관심도 없었을 뿐더러 독도의 존재조차 모르는 이가 많았다. 일본인들의 조심스러운 성격 때문인지 개인적인 의견을 듣기는 더욱 힘이 들었다. 이런 이야기로 논쟁하게 되면 일본 친구들의 반응은 대개 비슷했다.

"나는 잘 모르지만 싸우는 것은 좋지 않은 것 아닌가."

그러면 한국 친구들의 반응 또한 대부분 비슷했다.

"어떻게 그걸 모르느냐? 독도는 우리 땅이야."

가해자의 입장인 그들의 무신경한 반응에 화가 나는 것은 당연한 일이었

나를 혁명가로 만들지 마라

다. 그러나 확실한 것은 일본과 우리의 역사 교육이 다르다는 것이었다. 2008년 라오스를 여행하던 중에 아츠코라는 일본인 친구를 만난 적이 있다. 그녀는 대학 졸업 후 3개월 동안 홀로 배낭여행을 하던 처자였다. 우연히 여행 코스가 맞아서 자연스럽게 친구가 되었고 긴 시간 동안 꽤 많은 얘기를 나눌 수 있었다. 이런 저런 얘기를 하다가 자연스럽게 한일 역사 얘기까지 흘러갔다. 그녀는 제2차 세계대전 당시 독일, 이탈리아, 일본이 미국과 유럽 연합군과의 전쟁에서 패배한 사실에 대해서만 중점적으로 배우고, 일본이 한국과 중국 그리고 동남아시아의 여러 나라들에 피해를 준 것에 대해서는 자세히 배우지 못했다고 했다. 특히 위안부, 강제징용, 난징 대학살에 대해서는 처음 듣는 이야기라고 했다. 그 이야기를 듣는 순간 화가 머리끝까지 치밀어 올랐다. 피해자와 가해자가 배우는 역사는 달라도 너무 달랐다.

따지고 보면 그들만 욕할 것도 아니다. 일제 강점기가 한국의 근대화를 앞당겨 주는 역할을 했다는 일본의 주장에 동의하는 어른들도 많으니 말이다. 놀라운 것은 그런 주장을 하는 사람 중에는 대학에서 학생들을 가르치는 교수들이 무척 많다는 것이다. 어디 그뿐인가. 수능 시험에서는 국사가 선택 과목이 되었고, 그것으로도 모자라 앞으로는 고등학교에서 국사 교육 시간을 더 줄인다고 하니 도대체 무슨 생각으로 이런 결정을 하는 것인지 이해할 수가 없다. 더 우스운 것은 민족을 꿀단지처럼 애지중지하는 게 보수인데, 우리의 보수는 보수의 원조라고 할 수 있는 김구 선생을 테러리스트라고 깎아내리고 있다는 사실이다. 이것으로도 모자랐던지 그들은 친일 정부를 세운 이승만을 국부라고 떠받들고 있다. 그렇다면, 그들은 보수파

가 아니라 친일파란 말인가? 지금까지도 나치 협력자를 찾아 처벌하는 프랑스와 얼마나 비교되는 모습인가? 아, 창피하다. 그런데 내가 왜 이런 고민까지 짊어지고 살아야 하지? 나는 88만원 세대로 살아가기도 너무 힘든데. 누군가 나 좀 도와줘요!

다락방에서의 생일 파티

역사 갈등만 빼고 나면 일본인과 쉽게 우정을 나눌 수 있었다. 외국여행을 하는 일본 젊은이들이 많기 때문이기도 하겠지만, 그보다는 아무래도 얼굴이 비슷한데다가 문화는 물론 의식주까지 닮은 구석이 많아서 서양인보다는 알게 모르게 동질감을 더 많이 느끼기 때문일 터이다. 실제로 집안에서 신발을 신지 않는다든지, 된장이나 간장을 즐겨 먹는 등의 생활문화가 비슷했으며, 같은 한자 문화권이다 보니 '미묘한 삼각관계', '총각', '고속도로' 등 많은 단어의 음이 비슷해 신기할 때도 있었다. 특히 우리가 어릴 적부터 먹은 빼빼로 같은 추억의 과자나 「철인 28호」, 「드래곤볼」 따위의 만화 이야기를 서로 웃으면서 나눌 때는 마치 한국 사람과 이야기를 하는 느낌이 들기도 했다.

그들은 한류 열풍 때문인지 한국의 드라마 대장금 이야기나 한국 연예인의 사생활 얘기, 여자 연예인들의 성형에 관한 이야기를 해주면 대단한 정보라도 얻은 듯 아주 재미있게 들었다. 게다가 소주와 삼겹살이 이 세상 최고의 콤비네이션이라고 외치는 일본인 친구를 보고 있노라면 반일 감정이 한결 누그러졌다.

어학원에 등록하여 첫 수업을 받으려고 강의실에 들어갔을 때, 나는 깜짝

나를 혁명가로 만들지 마라

놀랐다. 수강생은 모두 동양인, 그것도 한국인과 중국인 그리고 일본인이 전부였다. 우리로서는 불어를 공부하기엔 최악의 조건이었지만, 나름 한ㆍ중ㆍ일 삼국지가 파리의 어학원에서 탄생한 셈이었다. 며칠 후 중국 친구들이 중국인이 많은 다른 반으로 옮겨 가면서 강의실엔 한국인과 일본인만 남게 되었다. 츠요시와 주나아, 에리는 이때 만난 친구들이다.

츠요시는 30대 초반으로 우리 중에서 나이가 가장 많았다. 몸집이 왜소한 그는 엔카 매니저를 8년 동안 하다가 파리로 이민을 왔다. 부인이 에어프랑스의 스튜어디스여서 쉽게 이민 올 수 있었다. 총각 주나아는 유일하게 나와 동갑이었다. 훤칠한 키에 부드러운 외모를 가진 그는 요리사가 꿈이었다. 막내였던 에리는 갓 여고를 졸업한 소녀였는데 예쁘고 귀여운 외모에 플루트를 정말 끝내주게 연주하여 내 가슴을 설레게 했다. 비록 우리는 아무런 계획 없이 파리에 왔지만, 그들과 타지에서 외로움을 나누는 첫 번째 친구가 되었다.

파리에 대해 다들 신출내기였던 우리는 점심을 함께 먹으면서 파리에 관한 정보를 공유했다. 하지만 한국과 일본의 환율이 달랐기 때문에 그들과 점심을 함께 먹기는 부담스러웠다. 우리의 주머니 사정을 이해했는지 그들은 가끔 집으로 초대해 푸짐한 밥상을 차려주기도 했다. 우리는 그들의 배려에 보답하려고 주나아의 스물여섯 번째 생일 파티를 우리의 다락방에서 준비해주었다.

작은 다락방은 네 명이 들어서면 꽉 차는 아주 좁은 공간이었고, 게다가 의자가 하나 모자랐다. 덕분에 나는 파티 내내 웨이터처럼 서 있어야 했다. 공간을 조금이라도 더 확보하려고 침대를 벽에 기대 세워놓았더니 분위기

파리에서 만난 일본 친구들. 요리가가 되려고 파리로 온 주니애(왼쪽 위), 플룻 공부를 하는 에리, 그리고 기계처럼 일만 하는 도쿄의 삶에 회의를 느껴 파리로 날아온 츠요시 부부.

가 창고 같아 그들이 불편하지 않을까 마음이 쓰였다. 그러나 창문으로 쏟아져 들어오는 햇살은 눈이 부시도록 아름다웠고, 우리의 마음은 성채 같은 저택에 사는 사람 못지않게 즐거웠다. 사실 이 좁은 공간에서 둘이 산다는 게 조금 부끄러워서 Lee의 방은 옆방이라고 거짓말을 하기는 했다. 밥을 먹는 내내 Lee의 방을 보자고 하면 어쩌나 조마조마했는데, 다행히 일본 친구들은 파전과 닭볶음탕에 열광하느라 Lee의 방 따위는 신경도 쓰지 않았다.

어떻게 살 것인가?

우리는 모이기만 하면 '파리'를 주제로 토론을 벌였다. 그러다 만남이 오래 이어지자 대화의 방향이 점점 개인적인 문제로 확장되기 시작했다.

"난 정말 일하기가 싫었어. 1년에 휴가를 받아봤자 일주일밖에 되지 않았으니까. 돈은 많이 벌었지만 숨을 쉴 수가 없었어. 도쿄에서는 모두 일만 해. 일하는 기계들이 사는 곳이야. 8년 내내 지옥 같았어. 나 또한 일하는 기계였다니까."

사회 경험이 가장 풍부한 츠요시가 한숨을 내쉬면서 말했다. 생각해보면 츠요시가 입에 달고 사는 말이 「sympathique」의 가사의 일부인 '나는 일하기 싫어(Je ne veux pas travailler)' 였으니, 도쿄 생활이 얼마나 힘들었는지 알 만했다.

"음, 난 요리를 하고 싶었어. 단순한 요리를 넘어 예술의 경지에 다다른 요리 말이야. 그런데 주방에서 나는 열 시간이 넘게 일하는 노동자일 뿐이었어. 그리고 비정규직이라 미래가 보장되었던 것도 아니고. 그래서 파리로

왔어. 돈을 못 벌어도 좋아. 그냥 사람답게 살면서 내가 하고 싶은 요리를 맘껏 할 수 있다면 그걸로 만족해."

매사에 조심스러웠던 주나아가 푸념 하듯이 말했다.

"도쿄가 그립지 않아?"

Lee가 주나아에게 물었다.

"당연히 그립지. 무엇보다도 내 고향 요코하마의 바다가 너무 그리워. 하지만 모든 것을 가질 수는 없잖아? 난 도쿄로 돌아가지 않을 거야."

다행히 주나아는 요리사 경력이 있어 파리에서 바로 음식점 인턴으로 들어갔다. 여기 와서도 그는 오랜 시간 동안 일본에서 받는 보수와 비슷한 임금을 받았지만, 이 과정이 끝나면 호텔이나 다른 레스토랑에 취업할 수 있기에 일본에 있는 것보다 행복하다고 했다.

"사실 난 파리에 오고 싶지 않았어. 그런데 고등학교를 졸업하자마자 아빠가 이곳으로 보내버렸어. 난 내 고향 히로시마가 그리워. 하지만 아버지는 음악을 하려면 유학이 꼭 필요하다고 생각하셔. 일본에서는 아무래도 유학파를 알아주니까."

가장 어린 에리가 고향이 그리워 눈물을 글썽이며 말했다.

"Moon하고 Lee는 어떻게 여기까지 온 거야? 여기서 미대 들어갈 거야?"

에리가 감정을 수습하고 물었다.

"우리는……."

갑자기 대답을 할 수 없었다. 그러나 이유는 정말 많았다. 가장 대표적인 이유는 '그냥'이었지만 세상에 '그냥'이 어디 있겠는가? 사실 그들에게 이렇게 말하고 싶었다. 우린 혁명이 필요해서 여기까지 왔다고. 한국 사회의

모든 억압에서 벗어나 진정한 나를 찾고 싶었다고. 대한민국의 법칙인 '다 그런 거야'에 대해 '왜 그래야 하는 건가요?'라고 질문을 하고 싶어서 이곳에 왔다고 말이다. 하지만 우리는 좀 엉뚱한 대답을 했다.

"책을 내고 싶어서!"

잠시 정적이 흘렀다. 그리고는 다 같이 웃어버렸다. 우리는 책이 나온다면 꼭 보내주겠다고 큰소리치며 술잔을 기울였다.

파리에 오기 전 잠시 들렀던 도쿄에서 느꼈던 답답함이 떠올랐다. 일본에서 살아본 적은 없지만 어느 정도 그들의 마음이 이해가 되었다. 그들과 우리의 외모가 비슷하듯이, 일본의 젊은이들이 앓는 아픔은 우리의 88만원 세대가 겪는 고통과 비슷했다. 직장인 2명 중 1명이 비정규직인 우리의 현실만큼 처절하지는 않았지만, 일회용처럼 쓰이고 버려지는 일본의 파견직 문제 또한 사회적으로 심각한 문제다 싶었다. 비슷한 고통을 겪는 두 나라의 젊은이들은 과거의 아픈 역사를 잠시 접어두고 오늘의 우리를 이야기했다. 우리는 동시대를 살아가며 더불어 희망을 만들어 가야 하는 멀고도 가까운 친구였다.

내 이름은 달입니다

'나는 나를 문이라고 불러'

어린 시절 아버지는 철자도 잘 읽지 못하는 나에게 이름을 영어로 쓰는 법을 가르쳐 주셨다. '문'을 'Moon'이라 적으시며, 그 뜻이 '달'임을 알려 주셨다. 아버지에게 무슨 의도가 있으셨던 건지, 아니면 그냥 남들도 하니까 그렇게 하신 건지 알 수 없지만, 그때부터 나의 성은 '달'이 되었다. 나는 성장할수록 내 성씨 '문'의 한자 뜻이나 발음보다, 이미지로 그려지는 나의 성 'Moon'이 좋았다.

외국을 여행하면서 나는 사람들에게 내 이름을 'Moon'이라고 알려 주었다. 외국인들은 '신기'라는 내 이름보다 'Moon'을 더 쉽게 받아들였고, 발음하기도 편한 듯했다. 재미있는 것은 그들은 각자 자기 나라의 '달'이라는 뜻의 단어로 내 이름을 새롭게 불러 나를 즐겁게 했다. 인도 친구들은 '찬다르마'라 불렀고, 일본 친구들은 '세일러문'이라 불렀다. 또 어떤 친구들은 '밤의 사나이'라 불러 나의 존재감을 키워 주었다. 그러다 보니 서로에 대한 이야기를 쉽게 풀어 보이며 친구가 될 수 있었다.

나를 혁명가로 만들지 마라

그때부터 나는 내 이름 'Moon'에 대한 애착이 강해졌고, 자부심까지 생겨 났다. 더불어 그 어떤 조직이나 사회에 대한 소속감보다 나 자신에게 소속 되어 있다는 감정이 더 강하게 들었다. 그럴 때마다 일본의 젊은 작가이자 여행가인 다카하시 아유무의 말이 떠올랐다.

"세계 모든 나라에 국기가 있는 것처럼 이 세상 모든 사람에게도 인기(人 旗)가 있으면 재밌겠다. 당신이라면 어떤 깃발을 올리고 살아갈 것인가?" 친구들이 나를 'Moon'이라 부를 때마다, 나 자신에게 소속된 나임을 알리 는 깃발을 흔들어 보이는 듯한 기분이 들었다.

불어를 배우기 시작하면서 가장 먼저 배운 말이 'bonjour'와 'je m'a pelle Moon'이었다. je m'a pelle Moon. 난 이 말이 아주 좋았다. 프랑스에 와서 가장 당당하게 했던 말도 이 말이다. 직역하면 '나는 나를 문이라고 불러' 이다. 즉 내 이름은 무엇, 무엇이다가 아니라, 내 이름을 나 스스로 무엇이 라 부르는지를 말하는 것이다. 사회나 혹은 타인이 정해준 기준에 의해 불 리는 이름이 아니라, 온전히 내 기준으로만 나를 부르는 것 같은 그 느낌이 아주 마음에 들었다.

그들이 나를 'Moon'이라 불러 행복을 느낄 때마다, 이름을 불러주지 않 던, 아니 이름을 가지기 어려웠던 제주도를 떠올렸다. 나의 고향은 제주도 에서도 벽지에 속하는 대정이다. 자라기는 서귀포에서 자랐으나 방학 때나 명절 때마다 머물렀던 탓에 이곳에 대한 추억이 많다. 우리나라 최남단인 마라도에서 가장 가까운 곳, 태평양을 배경으로 하고 있어서 풍경이 더없 이 아름다운 곳, 조선 후기의 문신이자 서화가였던 추사 김정희가 유배 중 에 그린 「세한도」의 배경이 되었던 곳이기도 하다. 추사 김정희가 어쩌다

가 내 고향 대정읍에서 '세한'을 느꼈는지는 이곳이 잠시만 머물러 있으면 누구나 알 수 있다. 적막함, 황량함, 쓸쓸함은 내가 어릴 적부터 고향의 자연을 보고 뼈에 새긴 이미지들이다. 내가 태어나기 140여 년 전 김정희 또한 그것들을 내 고향에서 본 모양이다.

직업으로 말하는 나의 고향
제주도가 다 그렇지만 대정은 특히 현무암이 대부분이어서 땅의 성질이 무척 거칠다. 땅이 거치니 농사를 짓기에도 마땅치가 않다. 땅의 영향 때문인지 제주도 사람들조차 우리 동네 사람들을 투박하고 거칠다고 말한다. 그래서일까. 그 작은 마을은 내가 어릴 때부터 교육열이 남달랐다. 자식을 성공시켜 그 마을에서의 삶을 대물림하지 않는 것이 어른들의 가장 큰 꿈이었다.

늘 자녀가 어느 대학에 입학했느냐, 아니면 의사나 판검사가 어느 집에서 나왔느냐가 마을 어른들의 최대 이슈였다. 나의 할아버지 또한 나와 형에게 어릴 때부터 천자문을 손수 가르치시며 공부의 중요성을 강조했다. 그리고 어느 대학을 갈 건지 물어보시고는 했다. 어릴 때부터 나는 그런 것들이 싫었다. 그저 뒷동산에서 감자를 구워먹는 것이 내 인생의 즐거움이었다. 하지만 형은 언제나 나와는 달라서 가만히 앉아서 천자문을 외웠고 한자 또한 곧잘 썼다. 언제부터인가 할아버지는 나에게 이런 말을 해주시고는 했다.

"너는 기술을 배워라."
형은 공부할 놈으로 보이는 데, 나는 그렇지 않았던 모양이다. 간혹 어른들

나를 혁명가로 만들지 마라

의 이런 속마음을 일찍 알아채고 나 스스로 미리 공부와 담을 쌓고 그림으로 전향했을 거라는 생각이 든다. 아니면 외롭지만 강인한 정신력으로 찬바람을 맞으며 서 있는 세한도의 소나무를 보면서 그림에 대한 꿈을 키웠을 수도 있고.

누군가가 과학고나 서울대에 입학하거나, 혹은 고시에 합격하거나 의사가 되면, 마을 입구에 현수막이 걸리는 일이 종종 있었다. 출세를 가문의 영광으로 여겼던 그곳에서 그저 힘껏 뛰어놀기 바빴던 나를 아버지는 '날라리'라 부르셨다. 다행스럽게도 날라리라 부르시는 아버지의 표정이 그다지 절망적으로 보이지는 않았다. 가끔 그것이 어떤 의미인지는 생각해보곤 했다. 아버지 또한 대정에서 느꼈던 답답함을 나를 통해 대리 만족을 하시는 건지, 아니면 정말 나를 날라리로 여기시는 건지.

대정에 명절이 오면 정말 많은 사람이 모인다. 아버지 말씀으로는 먼 친인척들이라는데, 누군지 모르는 사람들에게 인사를 해야 할지 말아야 할지, 나는 명절마다 그게 고민이었다. 가끔 가까운 어른들이 나를 불러 처음 만나는 친척들을 일일이 소개해 주셨다.

그런데 어른들의 소개법이란 게 좀 불편하고 이상했다. 이름은 생략하고 이름 대신 서울시 공무원, 대기업 신입 사원, 의대생, 뭐 이런 식으로 소개해 주셨다. 이름이나 촌수가 아니라 직업으로 그들을 설명하시는 것이었다. 그럴 때마다 머리가 진공 상태가 된 것처럼 띵해지고, 당장에라도 뛰쳐나오고 싶은 기분이 들었다. 물론 의도적으로 그러시는 게 아니라는 것은 잘 알고 있었다. 그러나 그런 상황을 지켜보는 어린 친척 동생들을 보면 폭력적이라는 생각마저 들었다. 어린 그들에게 인생 최대의 목적은 출세이고

자화상. 살면서 자화상을 그려본 적이 손에 꼽을 만큼 적다. 그만큼 나와 마주앉을 기회가 없었던 것은 아닐까? 나는 과연 나를 알고 있을까?

나를 혁명가로 만들지 마라

신분 상승이라고 가르치는 것이 눈에 훤히 보였다.

나는 그들이 무슨 일을 하는지 알기 전에 일단 소박하게 이름부터 알고 싶었다. 인간 대 인간으로 만나고 싶었지만 나의 소망은 곧 무색해졌다. 나는 기억도 할 수도 없는 그들의 직업을 열심히 소개받아야 했다. 어른들은 그들의 사회적 지위가 행복의 기준이고, 또 그것이 그들을 가장 잘 설명해준다 믿고 계셨던 모양이다. 대기업 취업은 곧 성공한 인생이라는 단순한 공식처럼 말이다. 촌구석이라 현대사회의 치열한 경쟁과 거리가 멀 것 같지만 절대 그렇지 않았다. 명절 때마다 제주도 촌구석에서도 명함 속에 새겨진 기호와 타이틀만 남긴 채 언제 다시 만날지 기약할 수 없는, 어색하고 생뚱맞은 만남이 이루어지고 있었다.

나는 그런 명함이 없다. 그냥 나를 이렇게 설명하고 싶다.

'나는 Moon이라 불리는 총각입니다. 내 나이 서른이 다 되어 가지만 나는 여전히 뒷동산에서 마음껏 뛰어놀고 싶습니다.'

나는 놀고 싶어서, 누구의 눈치도 보지 않으려고, 기호로 맺어지는 이상한 관계를 만들지 않으려고, 세상의 편견과 표준화에서 벗어나 유배 아닌 유배 생활을 하기 위해, 제주도 대정이 아닌 이곳 파리에 왔는지도 모르겠다. 파리와 내 고향의 뒷동산은 별반 다를 게 없다. 그래, 놀자. 인생 뭐 있어? 내가 즐거우면 그만이지!

파리에서…, 엉엉 울다

파리는 불편하다

국적을 불문하고 파리를 다녀온 사람들의 반응은 개개 비슷하다. 정말 아름답다. 혹은 정말 불편하다. 마치 인도처럼 말이다. 파리는 워낙 아름다운 도시로 인식되어 있기에 별로 단점이 없을 것처럼 여겨진다. 그러나 그렇지 않다. 파리가 불편하다는 이야기는 대부분 사실이다.

부정적인 이미지 중에서 가장 대표적인 것으로 불친절을 들 수 있다. 특히 은행이나 관공서의 불친절은 상상을 초월한다. 관광객 중에는 자국에서 만약 파리지엔처럼 일 처리를 했다가는 칼부림이 났을 거라고 호언장담하기도 한다. 느려터진 은행 창구의 직원들은 사람들이 기다리는 것 따위는 신경 쓰지 않는다. 관공서를 찾을 때에는 마음의 준비를 단단히 하고 가야 한다. 그러지 않았다가는 상처만 입고 돌아오는 수가 많다. 간혹 그들의 불친절을 인종 차별로 오해할 수도 있다. 실제 그런 일도 종종 일어난다. 하지만 이보다 더 많은 경우는 개인주의에서 나오는 것이다. 정말이지 그들의 여유만만 때문에 속이 터질 지경까지 간 게 한두 번이 아니다. 내가 아는

나를 혁명가로 만들지 마라

사람은 우체국의 안일한 업무 처리 탓에 등록 날짜가 지난 대학 합격 통지서를 받는 바람에 그 학교에 입학하지 못하고 한국으로 돌아가기도 했다.

그렇다고 해서 파리 사람들이 원래 느려터진 것은 아니다. 고속도로에서는 기준 속도를 지키는 일이 거의 없다. 지키는 이들은 대부분 관광객이다. 건널목 앞에서 신호를 지키는 경우는 1년 365일 거의 찾아볼 수 없다. 파리지엔은 신호를 지키는 것이야말로 촌스러운 일이며 비합리적이라고 생각한다. 운전자들도 별로 개의치 않는다.

처음에는 적응하기 너무 어려웠으나 시간이 지날수록 이것보다 재미있는 일이 없었다. 한 번은 학원에 늦어 수많은 신호등을 무시하면서 열심히 뛰어가고 있었다. 아주 작은 골목에서 빨간 신호등을 무시하고 그냥 횡단보도를 건너려는 순간 저쪽에서 달려오는 자동차가 보였다. '무슨 상관이야, 그냥 가면 되지!'라고 생각하며 건너는데, 운전자가 나에게 욕지거리를 하는 소리가 들렸다. '메흐'(merde, 젠장), '푸탱'(putain, 젊은이들이 주로 사용하는 매우 심한 욕) 같은 몇 가지 단어가 내 귀에 정확히 들렸다. 이상하게 욕은 잘 들린다. 무시하고 지나가려다 생각해 보니 기분이 나빴다. 나말고 신호를 무시한 사람들도 많이 있었는데, 그리고 그도 보행자가 되면 나와 똑같이 했을 터인데, 왜 나한테만 저러는 거야? 이대로 가면 안 된다는 생각에 오른손 가운뎃손가락을 번쩍 들어 올렸다. 그러자 그도 나에게 가운뎃손가락을 발사해주고는 아무 일 없다는 듯이 유유히 사라졌다.

파리지엔은 쿨하고 시원하며 합리적이라고 생각하면 사는데 크게 문제가 되지 않을 수도 있다. 뭐 다 이렇게 이해하면 되겠지만 그게 말처럼 쉬운 일은 아니다. 음식도 입에 맞지 않고 게다가 파리지엔의 불친절을 반복해서 겪고 나니 적응하기가 힘이 들었다. 불어를 하지 못한다는 이유로 무시하고, 단지 아시아인이라는 이유 때문에 말을 섞는 것조차 불쾌하다는 표정으로 묻는 말에 대답조차 하지 않는 몇몇 무식한 인간들을 보면 정말이지 욕이 나왔다. 아시아 여자만 보면 침을 흘리며 휘파람을 불거나 몸을 슬쩍 만지고 지나가는 양아치들을 볼 때마다 마음에 상처가 하나씩 그어졌다. 거기에 개똥을 밟는 사건이 겹쳐서 발생할 때엔 짜증이 머리 꼭대기까지 올라왔다. 이런 일이 반복되자 파리가 싫어지더니 나중에는 향수병이 고개를 들기 시작했다. 나의 파리 생활에 작은 위기가 닥친 것이다.

모락모락 올라오는 향수병 때문에 조금씩 지쳐가고 있을 무렵, 큰 위안을 주는 아름다운 풍경을 발견했다. 그건 건축이나 예술, 혹은 와인 같은 게 아니었다. 파리지엔이 품고 있는 내면의 아름다움이었다. 겉모습은 차가워 보였지만 그들의 삶을 잘 들여다보고 있으면 그렇지 않았다.

하염없이 눈물을 흘렸다

어학원에 다닐 무렵이었다. 나는 레벨 시험을 망치고 우울한 기분으로 오페라 역 매표소 앞에서 표를 사려고 줄을 서서 기다리고 있었다. 교대 시간이었는지 매표소 안으로 수염이 거칠게 난 남자 직원이 들어왔다. 그는 매표소 안에 있던 금발의 여자에게 다가갔다. 그들은 서로 볼 키스로 가볍게 인사를 하고 잡담을 나누는가 싶더니, 갑자기 영화라도 찍는 것처럼 격정적인 키스를 하고 한바탕 난리를 치는 것이었다. 오페라 역은 파리 국립오페라극장이 있는 곳이라 언제나 사람들로 붐비는 곳이다. 그날도 많은 시민이 길게 줄을 서서 기다리고 있었다. 그런데도 사람들은 안중에도 없다

나를 혁명가로 만들지 마라

는 듯이 잡담하고 프렌치 키스를 하고 다시 생글생글 웃으며 수다를 떨고 생난리를 치는 것이었다.

더 황당한 것은 내 앞에서 표를 사려고 기다리던 할머니들이 그들의 대화에 동참하기 시작했다는 사실이다. 그들은 마치 한 가족이라도 되는 것처럼 자연스럽게 수다를 떨었다. 그때 나의 기분은 한 마디로 '짜증 지대로다!'였다. 사람들의 표정이 궁금해 뒤를 돌아봤다. 뜻밖에도 그들은 하나같이 편안한 얼굴로 서 있었다. 이건 또 무슨 시추에이션? 내가 이상한 건가? 연인과 할머니들은 여전히 수다를 떨고 있다. 어이없는 표정으로 그 모습을 바라보고 있는데, 어느 순간 저 풍경이 파리지엔들의 실제 모습이 아닐까 하는 생각이 들었다. 생각이 여기에 미치자 조금 전까지 불편했던 마음이 사라지기 시작했다. 꽃처럼 피어나는 사랑을 존중해 주고자 자신의 불편함을 감수하는 파리지엔들. 5분여 시간을 낭비했지만, 그 덕에 나는 파리지엔들의 내면을 좀 더 이해하게 되었다.

우리나라에서도 이런 일이 가능할까? 실제로 일어난다면 나는 어떻게 했을까? 그리고 줄을 서서 기다리는 사람들은 어떤 표정을 지었을까? 인터넷에서 난리가 나고 신문엔 연인들을 질책하는 기사가 대문짝만하게 실리지 않았을까?

이런저런 생각을 하며 지하철 계단을 내려오는데 어디선가 잔잔한 바이올린 선율이 들려왔다. 계단을 다 내려와 지하도 모퉁이를 막 도는데 연주자가 보였다. 할아버지였다. 지하도의 낡은 타일 벽을 배경으로 서 있는 그의 베레모와 희끗희끗한 머리카락이 눈에 들어왔다. 그 모습은 유명 화가의 화집에 등장하는 한 폭의 그림처럼 보였다.

지하철의 할아버지 악사. 오페라역 지하 모퉁이에서 바이올린을 구슬프게 연주하던 한 할아버지와 바람에 날리는 악보를 잡아주시던 할머니 모습이 그동안 힙겹게 막고 있던 나의 눈물샘을 열어 주었다.

나를 혁명가로 만들지 마라

그의 음악은 나비가 날아와 꽃에 앉는 것처럼 부드러웠지만, 동시에 낡은 바이올린에서 흘러나오는 그 소리는 서글프고 외로운 느낌이 짙게 배어 있었다. 갑자기 코끝이 찡해왔다. 눈을 뗄 수가 없었다. 몇 걸음 더 다가가서 보니 지하철 입구에서 불어오는 바람 때문에 악보가 금방이라도 날아갈 것처럼 펄럭이고 있었다. 악보를 잡아주고 싶은 마음이 굴뚝같았으나 앞으로 나아갈 용기가 없었다. 그런데 옆에서 연주를 듣고 있던 우아하게 차려입은 백발 할머니가 할아버지의 악보를 잡아주는 것이 아닌가. 서로 가벼이 인사를 나누더니 황혼의 바이올리니스트는 연주를 계속했고 할머니는 옆에서 조그만 소리로 노래를 불렀다.

가슴 저 아래에서 울컥하고 눈물이 솟구쳐 올라왔다. 연거푸 목격한 파리지엔들의 따뜻함이 파리에 적응하지 못했던 동양인의 감성을 흔든 것이다. 지하철을 타고 가는 내내 올라오는 감정을 꾹꾹 눌렀지만 마음대로 되지 않았다. 그동안 타지에서 쌓아두었던 설움이 한꺼번에 올라왔다. 정말 오랜만에 내 뺨에서 눈물이 흘렀다. 하염없이 울었다. 창밖으로 노을을 배경으로 서 있는 에펠탑이 보였다. 그날따라 왜 그리 에펠탑이 반갑고 아름다운지 나는 또 눈물을 흘렸다. 그 순간 개똥 가득한 파리도, 불친절하고 무질서한 파리지엔들도, 매표소 안에서 꽃피던 사랑도 다 이해할 수 있었다. 엉엉……, 흐르는 눈물은 멈출 줄을 몰랐다.

내 안으로 들어온 파리

그들은 왜 파리로 갔을까
두번째 이야기

루브르의 두 얼굴

루브르에서 본 혁명의 아름다움

파리에 짐을 푼 지 한 달이 지났다. 같은 겨울이지만 파리의 겨울은 한국과 달랐다. 맑은 날을 본 기억이 없을 만큼 하늘이 늘 흐렸다. 기온은 영하에서 올라올 줄 몰랐고, 게다가 툭하면 비까지 내려 우리를 힘들게 했다. 시간은 분명히 봄을 향해 걸어가고 있었지만, 날씨는 언제나 겨울이었다. 춥고 짓궂은 날씨와 낯선 환경, 그리고 유목민처럼 불안정한 주거 문제……. 지난 한 달 동안 우리는 파리에 적응하려고 많은 에너지를 써야만 했다.

3월의 첫 번째 일요일, 날씨가 오랜만에 봄날답게 따뜻해졌다. 우리는 아침 일찍 루브르 박물관으로 향했다. 매달 첫 일요일은 프랑스의 모든 시립, 국립박물관이 공짜였기 때문이다. 우리는 예술 작품을 감상하고 지친 몸도 풀며 일요일을 우아하게 보낼 계획이었다. 우리처럼 우아한 한량에게 루브르만큼 아늑하고 예술적인 환경이 어디 있겠는가?

하지만, 안락한 휴식을 즐기려는 우리의 야무진 꿈은 루브르에 도착하는 순간 산산이 조각나 버렸다. 박물관 앞에는 인종, 국가를 막론하고 공짜 문

내 안으로 들어온 파리

화생활을 즐기려는 사람들이 끊임없이 모여들고 있었다. 아침 일찍 나온다고 나왔건만 과연 루브르에 진입할 수나 있을지 의구심이 들었다. 사람들은 이미 루브르 입구에서부터 몇백 미터가 넘는 줄을 만들고 있었다. 일단 기다려 보기로 했다. 끝나지 않을 것 같았던 우리의 줄 서기는 정오가 넘어서야 끝이 났다. 그런데 그게 끝이 아니었다. 박물관으로 어렵게 진입했지만 기다림은 안에서도 이어졌다. 수많은 인파 때문에, 그리고 루브르의 엄청난 규모 때문에 명화를 감상하기 전에 우리는 체력과 먼저 싸워야 했다.

루브르는 오전 9시에 개관하여 오후 6시에 문을 닫는다. 이곳에는 5만 점이 넘는 작품이 있다고 한다. 1분마다 한 작품을 본다고 해도 아홉 시간 동안 관람할 수 있는 작품이 고작 540점이다. 루브르의 예술품을 모두 관람하려면 석 달이 넘게 걸린다는 계산이 나온다. 도대체 작품을 제대로 감상하라는 건지 말라는 건지 알 수가 없었다. 게다가 「모나리자」는 수많은 사람과 치열한 경쟁에서 이겨야 그나마 좋은 위치에서 감상할 수 있었다. 우리는 이리저리 떠밀려 다니다가, 천신만고 끝에 「모나리자」 앞에 섰다. 뭐야? 모나리자가 이렇게 작단 말이야! 나는 「모나리자」를 매우 큰 그림으로 상상하고 있었다. 그러나 명화 중의 명화는 너무 작았다. 스캔들을 일으킨 연예인을 취재하려고 몰린 사진기자들처럼 사람들이 카메라를 들고 사정없이 「모나리자」를 찍어댔다. 관광객들에게는 루브르에 온 이상 「모나리자」를 꼭 보아야 한다는 의무감 같은 것이 있는 듯했다. 하긴, 나도 사실은 '모나리자! 내가 왔다'라고 눈도장을 찍으려고 이곳을 찾았으니까.

우리는 우아한 휴식 따위는 까맣게 잊어버렸다. 휴식은 고사하고 예상치 못한 상황이 자꾸 벌어져 정신이 없었다. 비록 사람에 치이고 작품에 치여

루브르 박물관의 모나리자 앞에 몰린 수많은 인파. 스캔들을 일으킨 연예인을 취재하려고 몰려든
사진기자들처럼 사람들이 권위에 비해 너무도 작은 「모나리자」를 사정없이 찍어대고 있었다.

내 안으로 들어온 파리

루브르에서 만난 친구들. 흑인 출신의 프랑스인 헤나토와 인도 출신 수니,
스페인 출신 가제트. 우리는 주말마다 해가 질 무렵 루브르 모퉁이에서
파리를 안주 삼아 음주가무를 즐겼다.

몸은 지쳐 있었지만 그래도 우리는 이곳에 온 것에 나름 의미를 두고 있었
다. 프랑스 혁명 이전까지 이곳은 궁궐이었고, 더불어 프랑스 국왕들이 수
집해 놓은 엄청난 양의 미술품을 보관하는 장소로 쓰였다. 그때까지 이 넓
고 웅장한 공간은 단 몇 사람을 위해 존재했었다. 그러나 프랑스 혁명과 함
께 왕의 궁궐은 시민의 품으로 돌아갔다. 한 사람이 아니라 모두의 공간으
로 변한 것이다. 얼마나 극적이고 감동적인가. 왕이나 귀족을 위한 미술관
이 아닌, 모두를 위한 공공의 미술관 혹은 박물관의 첫걸음이 바로 이곳에
서 시작된 것이다. 어떻게 보면 우리가 모나리자를 실제로 볼 수 있는 것도
프랑스 혁명 덕분이다. 이것이야말로 진짜 '혁명적인 사건' 아니겠는가?
우리는 루브르에서 예술 작품보다 먼저 혁명의 아름다움을 경험하고 싶었다.

루브르에서 파리 씹기

그날 이후 우리는 매주 일요일마다 루브르를 찾았다. 파리의 박물관에서는 작품 앞에 앉아서 하루 종일 그림을 그리는 청년들을 종종 볼 수 있다. 그 모습이 얼마나 보기가 좋은지 우리는 작품 관람보다 그 청년들이 내뿜는 에너지를 느끼는 것을 더 즐기곤 했다. 처음엔 대리 만족을 느꼈으나 나중에는 우리도 그들처럼 해보기로 마음먹었다. Lee와 나는 주로 조각상을 그렸다. 몇 번 하다 보니 이 일은 우리의 주례 행사가 되었다. 그러는 사이 우리는 루브르에서 제법 많은 사람을 만날 수 있었다.

루브르에는 매번 다양한 국적의 사람들이 찾아들었다. 우리는 나이와 국적을 떠나 술자리를 만들었다. '밥 말리'처럼 머리를 한 나의 친구 헤나토와 그의 친구들, 스웨덴에서 온 금발 청년, 1년 동안 세계 여행을 하는 네덜란드 청년들, 이집트 청년, 인도와 스페인 친구들, 그리고 가끔은 롤러 블레이드를 타고 나타나는 파리지엔들도 있었다. 수많은 나그네가 다양한 이야기를 풀어놓았지만, 이야기의 중심에는 언제나 파리가 있었다. 한 주 동안 이 자리에서 발언하기 위해 꾹 참아 온 사람들처럼 파리 혹은 파리지엔에 대해 비판을 늘어놓았다. 특히 파리에 사는 헤나토와 아프리카 이민 2세인 그의 친구들은 거침없이 비판을 퍼부었다.

"며칠 전에 내가 일을 하러 가고 있었는데 경찰이 아무 이유도 없이 잡고 신분증을 요구하는 거야! 난 여기 살고 있는 파리 시민이라고! 이거 봐. 신분증도 있잖아. 한두 번이 아니라고."

"정치하는 흑인 본 적 있어, Moon? 아니, 시청에서 일하는 흑인 본 적 있어? 그럼 길거리에서 청소나 노동하는 백인은 본 적 있어? 이게 프랑스라

내 안으로 들어온 파리

고!"

프랑스에 내재한 인종 문제는 생각보다 심각했다. 2005년 파리에서 일어난 이민자들의 소요 사태가 대표적인 예다. 우리에게는 잘 알려지지 않았지만, 1968년 프랑스 학생 혁명 이후 최대의 소요 사태였다고 한다. 하지만, 그 사건 이후에도 여전히 인종 차별 문제가 풀리지 않은 채 시한폭탄처럼 파리 시내 곳곳에 도사리고 있었다. 프랑스뿐만 아니라 유럽의 많은 나라가 두 번의 세계 대전으로 폐허가 된 유럽을 재건하는 데 힘을 보탠 이민자들을 이제는 쓸모없는 부랑자 취급을 하고 있었다.

"과거에 비해 변한 게 뭐지? 우린 여기에 끌려온 노예가 아니라고. 파리지엔은 겉으로는 반갑게 인사를 하지만 눈빛은 그렇지 않아. 속으로는 우리를 문제아 취급한다고."

"잘났다, 프랑스!"

사람들이 각자 가슴에 묻어 둔 이야기를 풀어놓았다. 그중에서도 프랑스의 문화재 약탈을 문제 삼은 이집트 청년의 말은 아직도 잊을 수가 없다.

"이봐, 우리나라에서 가져온 문화재들을 빼고 나면 루브르 박물관이 제대로 굴러갈까? 난 오늘 밤에 이집트 작품들을 다시 가져가야겠어. 하하하! 왜 뺏어가 놓고 자기들이 돈을 버는 거야? 난 직업도 없는데. 하하하!"

생각해 보니 우리의 문화재도 머나먼 타국에서 고국을 그리워하고 있다. 일본에 있는 수많은 고려 불화, 덴리 대학에 소장된 「몽유도원도」, 어이없게도 일본 왕실이 소장하고 있다는 『조선왕조실록』과 조선왕실의 의궤들…… 이들 말고도 국외로 유출된 문화재가 10만여 점이 넘고 그 가운데 일본으로 유출된 것만 6만여 점이 넘는다 하니(이것도 학술적 차원에서 조사한 숫자에 불과하다고 한다), 이건 이집트와 우리의 처지가 별반 다를 게 없었다. 게다가 지금도 파리 국립도서관에는 우리의 피 같은 문화재 「직지 심체요절」이 있다. 한문 한 글자도 모르는 나라에서 무엇에다 쓰려고 가져 다 놓은 건지 알 수 없는 일이다.

다른 나라의 문화재가 제 나라가 아닌 파리의 루브르에서 프랑스의 이름을 빛내 주고 있었다. 세계 최고라는 루브르박물관의 이면에는 제국주의라는 추악한 역사가 자리 잡고 있다. 시민 혁명의 아름다움을 웅변하던 루브르 는 어느새 프랑스 수탈의 역사를 상징하는 공간으로 오버랩 되어 있었다. 시민 혁명의 영광과 약탈의 어둠을 더불어 품은, 인간적인 동시에 반인간 적인 루브르. 그런데도 매년 수천만 명의 세계 시민이 문화재와 예술 작품 을 감상하려고 루브르를 찾는다.

아! 인생은 짧고 진정 예술은 긴 것인가?

우리에겐 왜 팡테옹이 없는가?

프랑스의 영웅을 품다

라틴 지구는 이름만 대면 누구나 아는 명소인 팡테옹과 소르본, 뤼테스 경기장, 중세 미술관 등이 모여 있는 곳이다. 이 가운데 팡테옹은 프랑스가 배출한 위대한 사상가 루소와 볼테르를 비롯하여 더는 설명이 필요 없는 빅토르 위고와 에밀 졸라 등 프랑스를 빛낸 작가·철학자·정치가 70여 명이 묻혀 있는 거대한 돔형 신전 건축물이다. 프랑스혁명의 지도자였던 미라보도 한때 이곳에 묻혔었다.

팡테옹을 처음 찾던 날의 감동을 잊을 수가 없다. 원형 기둥과 부조가 새겨진 삼각형의 방공 사이에 적힌 명문이 내 가슴으로 날아와 꽂혔다.

'조국이 위대한 사람들에게 감사하며'.

눈시울이 뜨거워졌다. 잠시 후 나는 우리의 팡테옹은 어디일까 생각해 보았다. 국립현충원? 아니다. 그곳은 너무 넓고 묻힌 사람도 너무 많다. 게다가 그곳엔 임정 요인과 국가 유공자뿐만 아니라 독재자와 군사 반란을 일으킨 사람도 잠들어 있지 않은가. 아니면 종묘? 그도 아니다. 종묘는 조선

왕실의 사당이 아니던가. 그럼 어디지? 효창공원? 김구·윤봉길·이봉창·이동녕 등 조국의 독립을 위해 몸을 바친 애국지사를 모신 곳이니, 그리고 안중근 의사의 가묘도 이곳에 있으니 팡테옹과 가장 비슷하기는 하다. 그러나 파리의 팡테옹과 비교하기엔 너무나 작고 초라하다.

팡테옹을 보고 나니 내가, 아니 우리가 한국의 영웅과 그들의 위대한 정신을 귀하게 챙기지 않았다는 자괴감이 밀려왔다. 이런 감정을 느낀 건 비단 나뿐만이 아닐 거라는 생각이 들었다. 이곳을 방문한 한국인들은 나와 비슷한 반성과 자책감을 안고 조국으로 돌아갔으리라 나는 팡테옹의 모습을 가슴 속에 아프게 새겼다. 프랑스를 위해서가 아니라 내가 사랑하는 조국 대한민국을 위해서.

위에서 잠깐 말했듯이 팡테옹은 군인과 정치가뿐만 아니라 프랑스가 낳은 위대한 철학가와 작가, 예술가의 영혼도 품고 있다. 나는 또 궁금증이 일었다. 우리의 위대한 사상가와 작가는 어디에서 영면하고 있는지 궁금했다. 씨알의 사상가 함석헌, 님의 침묵의 한용운, 별처럼 순결했던 윤동주, 토지의 박경리, 20세기 최고의 작곡가 윤이상……. 우리의 자랑스러운 영웅들은 어디에 잠들어 있는 걸까? 프랑스가 작가와 철학가를 영웅으로 기념할 때 우리는 누구를 기념했는가? 프랑스가 루소와 빅토르 위고를 칭송할 때 우리는 우리의 영웅을 어떻게 대접했던가?

프랑스의 정신을 품은 팡테옹은 나에게 많은 것을 주었다. 가슴 뭉클한 감동을 주었고, 반성과 자책의 시간을 주었다. 그리고 수많은 질문과 숙제를 던져주었다. 아, 대한민국의 정신은 지금 어디를 떠돌고 있는 것인가. 만주와 망우리와 통영과 베를린……. 정착할 수 없는 겨레의 정신이여, 참을 수

내 안으로 들어온 파리

라틴 지구에 있는 팡테옹. 팡테옹에는 루소, 볼테르를 비롯하여 빅토르 위고, 에밀 졸라 등 프랑스를 빛낸 작가, 철학자, 정치가 70여 명이 잠들어 있다. 팡테옹 상단엔 다음과 같은 가슴 뭉클한 글귀가 새겨져 있다. 조국이 위대한 사람들에게 감사하며.

없는 존재의 슬픔이여!

소르본에서의 질투

라틴 지구는 팡테옹 말고도 지성의 산실인 파리 4대학 소르본을 거느리고
있다. 팡테옹과 소르본이 있다는 사실만으로도 라틴 지구는 파리의 지성을
상징하는 곳이다. 이 지역이 라틴 지구라는 이름을 얻은 것도 사실은 소르
본 대학과 연관이 깊다. 중세 때부터 이 대학의 학생과 선생들이 주로 라틴
어로 종교와 문학, 철학을 토론하면서 자연스럽게 얻게 된 이름이기 때문
이다. 라틴 지구는 68혁명의 중심지이기도 하다.

우리는 뤽상부르에서 산책을 즐기다가 커피를 마시거나 책이나 중고 음악
CD를 사려고 종종 라틴 지구를 찾았다. 명목상으로는 산책이나 간단한 쇼
핑을 위해서였지만, 이곳은 나의 건전한 질투심을 불러일으키는 곳이기에,
실제로는 내 사고와 정신에 자극을 주기 위해 즐겨 찾았는지도 모른다.

라틴 지구를 처음 찾았을 때 가장 먼저 보고 싶은 것은 소르본이었다. 파리
의 건물은 대개 비슷비슷한 외관을 가지고 있지만, 그래도 소르본은 프랑
스에서 가장 유명한 대학이니 한눈에 알아볼 수 있을 거라고 생각했다. 우
리가 상상한 소르본은 팡테옹처럼 거대하고 웅장한 모습이었다. 그러나 소
르본은 눈에 잘 띄지 않았다. 막상 찾고 보니 유명세에 비해 너무 평범해서
오히려 놀라웠다. 세계적인 대학이라고 해서 규모가 엄청나거나 특별한 분
위기가 있는 것은 아니었다. 우스운 얘기지만 우리는 팡테옹을 소르본으로
잘못 알고 들어서는 무식한 오류를 범하기도 했다.

소르본뿐 아니라 파리의 대학들은 그 유명세에 비해 대부분 작고 평범해

내 안으로 들어온 파리

라틴 지구 지도. 소르본 대학과 팡테옹이 있는 라틴 지구는 파리의 지성과 정신, 역사의 숨결이 마치 공기처럼 흐르는 곳이다.

보였다. 우리처럼 비싼 등록금을 내고 다니는 대학이 아니기 때문일까? 학생과 교수들도 어떤 성과물을 내놓으려고 안달하는 것 같지 않았다. 속으로는 박이 터지는지 모르겠으나 적어도 겉으로는 그렇게 보였다.

그렇다고 소르본의 모든 것이 평범한 것은 아니었다. 소르본 지역에 있는 카페나 벤치에는 유난히 책을 읽는 학생들이 많았다. 그들은 책에서 눈을 떼지 않고 열심히 공부하고 있었는데도, 나에게는 그 모습이 자유와 낭만으로 보였다. 공부란, 대학 생활의 멋이란 바로 저런 게 아닐까 싶었다.

소르본을 비롯한 파리 유수의 대학에 갈 때마다 우리와는 뭔가 다르다는 느낌을 받았다. 뭐랄까? 피가 터질 듯한 경쟁도 보이지 않았고, 무엇보다 우리나라의 대학과 달리 기업과 자본으로부터 거리를 두는 지성의 해방구처럼 느껴졌다. 자본으로 치환될 생각이 전혀 없는 듯한 분위기는 도대체 어디에서 오는 것일까? 육체노동은 물론 정신노동과 감성노동까지 성과와 생산성이라는 이름으로 단순화되고 또 때로는 숫자로 치환되는 게 현대 사회인데, 그래서 한국의 많은 대학이 기업의 인력 공급소가 된 지 이미 오래인데, 소르본의 저 여유와 자유는 어떻게 가능한 것인가? 프랑스의 철학과 문학과 예술과 톨레랑스가 바로 저 분위기에서 나오는 것인가? 아, 부럽다. 그리고 질투심이 분수처럼 솟구친다.

시위에 참여하다

대낮부터 비인지 안개인지 알 수 없는 이슬비가 거리를 촉촉하게 적시고 있었다. 우산을 가지고 오지 않았기 때문에 우리는 집으로 향했다. 얼마쯤 걸었을까. 이슬비가 그치는가 싶더니 이윽고 회색 하늘이 지상으로 내려온

내 안으로 들어온 파리

파리에서는 이라크 전쟁, 정부의 반노동 정책, 육식 금지 등에 반대하는 시위뿐 아니라, 성소수자를
위한 시위 등 크고 작은 데모가 일상처럼 벌어지고 있었다. 그러나 파리지엔들은 시위 때문에
생기는 불편을 불평하지 않았다.

것처럼 거리가 온통 안개로 가득해졌다. 공포 영화의 한 장면 속에 들어와
있는 것 같아 기분이 좀 이상했다. 우리는 발길을 돌려 소르본 앞의 한 카
페로 들어가 안개가 걷히기를 기다리기로 했다.

카페 창가에 앉아 거리를 내다보았다. 안개 때문에 바로 몇십 미터 앞도 분
간하기가 쉽지 않았다. 안개 사이로 경찰 몇 명과 바리케이드가 얼핏 보였
다. 무슨 일이지? 도로 공사라도 하는 중인가? 아니지. 비 오는 날에 공사
는 무슨 공사? 얼마 후 저 멀리서 안개를 헤치고 몇몇 사람이 뛰어오는 모
습이 뿌옇게 보였다. 안개가 자욱해 그들은 마치 유령 같았다. 사람들이 점
점 가까이 오자 형태가 뚜렷해졌다. 그들은 손에 빨간 깃발을 들고 있었다.

순간 온몸에 소름이 돋았다. 스킨헤드일지도 모른다는 생각이 들자 몸이 저절로 움츠러들었다. 그들은 무언가를 외치고 있었다. 몇 분 후 그들은 안갯속으로 사라져 버렸다. 주변에 있던 경찰은 별로 신경을 쓰지 않는 듯이 보였다. 그리고는 경찰들도 안갯속으로 떠났다.

그즈음 파리에서는 연일 크고 작은 시위가 벌어지고 있었다. 시위의 이유는 가지각색이었지만 그 중 가장 큰 이유는 당시 총리였던 '빌팽'이 발표한 CPE(최초고용계약제)란 입법 계획 때문이었다. CPE는 고용주가 26세 미만인 청년 노동자의 수습 기간을 1~3개월에서 2년으로 연장하고 이 기간에는 해고를 자유롭게 할 수 있다는 게 법안의 주요 골자였다. 노동시장 유연화를 위한 정책으로 우리로 치면 비정규직법이라고 할 수 있었다. 프랑스 정부는 청년 실업을 해소하기 위한 것이라 발표했지만, 사실은 자본이 요구하는 신자유주의를 받아들인 결과였다. 이 법은 국회에서 날치기로 처리되었다. 그러자 파리뿐만 아니라 프랑스 전역에서 반대 시위가 들불처럼 일어났다. 시위에 참여한 사람이 하루 평균 40만 명, 많을 때는 300만 명이 넘었다. 68혁명 이후 가장 큰 시위라고 했다.

CPE 입법 소식을 접한 나는 믿을 수가 없었다. 내가 자유와 인권의 나라 프랑스에 와 있는지조차 의심스러웠다. 68혁명이 이루어 놓은 위대한 가치들이 거대한 신자유주의 물결에 휩쓸려 가는 것이 아닌가 걱정이 되었다. 우리나라의 비참한 비정규직의 현실을 누구보다도 잘 알기에 화가 나기도 했다. 이런 모습을 보려고 프랑스로 날아온 것이 아니었다. 우리의 로망인 프랑스가 자본 앞에 굴복하는 모습을 가만히 앉아 지켜보고 있을 수 없었다.

내 안으로 들어온 파리

우리는 시위대를 찾아 나섰다. 그러다가 소르본에서 처음으로 시위대에 합류할 수 있었다. 그 뒤에도 거리를 행진하는 시위대가 있으면 우리의 작은 힘을 보탰다. 우리의 광우병 촛불집회가 그랬듯이 대부분의 시위는 지도부가 없었다. 시위라기보다는 축제 같은 분위기의 집회도 많아 그 자체를 즐기기도 했다. 마치 우리가 68혁명의 현장에 있는 것만 같아 매번 흥분을 감출 수 없었다.

놀라운 것은 CPE 입법 철회 시위에 참여한 사람 중에서 많은 수가 고등학생이라는 것이었다. 600여 고등학교가 동맹 휴업을 할 정도였다. 프랑스는 고등학교를 마치고 바로 취업하는 학생이 많아서 그들은 비정규직법의 직접적인 피해 당사자들이었다. 그래서 고등학생들의 참여도는 상상을 뛰어넘을 만큼 대단했다. 프랑스 교사의 40%가 학생들을 지지하며 파업을 하였고, 60여 개의 대학에서 동맹휴업을 하였다. 노동자들도 대거 이 시위에 동참하며 연대하였다. 4개월 동안의 즐거운 저항은 자크 시라크 프랑스 대통령이 CPE 입법을 철회하면서 국민의 통쾌한 승리로 끝났다. 다시 한 번 프랑스의 힘을 보여준 것이다.

그 뒤에도 파리에서는 크고 작은 집회들이 수도 없이 열렸다. 이라크 전쟁 반대 집회, 이스라엘과 레바논 분쟁 반대 시위, 그리고 사회적 소수자들을 위한 시위가 끊이지 않았다. 종종 시위 때문에 버스가 노선을 바꾸거나 교통 체증이 일어나기도 했지만 불평하는 사람들은 거의 없었다. 파리 시민들의 반응은 대부분 이러했다. 이것이 프랑스다! 권력은 시민에게서 나온다! 시위는 우리의 권리다! 그리고 또 하나. 자유롭게 상상하고 즐겁게 저항하라!

우리의 아지트, 따바

파리의 선술집 따바(Tabac)를 찾아서

여행 안내 책자에는 파리의 멋진 식당들이 많이 나와 있다. 파리를 여행하는 사람이라면 누구나 마찬가지겠지만, 우리도 화려한 인테리어에 고급스럽고 맛있는 요리가 겸비된, 익히 우리가 상상할 수 있는 멋진 식당을 다니며, 파리지엔이 즐기는 음식을 경험하고 그들과 마음을 나누는 친구가 되고 싶었다. 그러나 그렇게 하기에는 너무 돈이 없었다.

우리는 화려함과 우아함 따위를 누릴 수는 없지만, 된장찌개 같은 편안한 맛을 부담 없이 즐기면서 파리지엔들과 사귈 수 있는 곳을 찾아보기로 했다. 그런 곳이어야 진정 파리지엔을 느끼고 그들과 일상도 함께 할 수 있다고 생각했기 때문이다. 다행히 파리에는 그런 곳이 많았다. 파리의 골목에 널린 '따바'가 그런 곳이었다. 가이드북을 보면 따바에 대한 간략한 정보가 나와 있다. 따바는 담배나 전화카드 등을 사기 위한 상점 정도로 소개되어 있는데 실제로는 그렇지 않다. 담배 · 전화카드 · 잡지 등만 파는 따바는 파리에서 찾아보기 어렵다. 가게 한쪽에서 담배를 판매 하기도 하지만 대부분

내 안으로 들어온 파리

커피나 맥주도 마실 수 있다. 샐러드나 샌드위치 같은 간단한 식사가 가능한 따바도 있다. 가장 큰 매력은 값이 저렴하고, 다양한 파리지엔을 만날 수 있다는 것이다.

파리지엔이 차갑다는 말은 따바에서는 틀린 말이다. 동네 사람끼리 따바에서 만나 안부를 묻고 대화를 나누다 보면 서로 정이 들 수밖에 없다. 가끔 술에 취해 부둥켜안고 정을 나누는 모습도 우리와 다르지 않다. 출근길에 잠시 따바에 들러 커피 한 잔을 마시며 신문을 보는 모습이나, 퇴근길에 장바구니를 들고 들어와 맥주 한 잔 마시며 하루 일과를 얘기하는 모습은 샹젤리제의 유명한 카페에서는 쉽게 볼 수 없는 장면이다.

우리는 파리에 오기 전 일주일에 한 번씩 한국계 프랑스인에게 불어 과외를 받았다. 마지막 불어 수업을 받던 날, 과외 선생은 파리에 도착하면 동네를 돌아다니며 마음에 드는 따바를 찾아보라고 했다. 가끔 저녁에 들러 차나 맥주를 마시다 보면 쉽게 친구를 사귈 수 있다는 것이었다. 우리는 파리 여행 수첩에 따바를 찾으라는 그의 말을 잊지 않고 기록해 두었다. 덕분에 '따바 찾기'는 '파리에 도착하면 제일 먼저 할 일' 5위 안에 당당히 올라 있었다.

우리는 파리 근교 말라코프에 짐을 푼 며칠 뒤부터 '우리의 아지트'로 삼을 따바를 찾으려고 없는 돈을 털어 아침, 저녁으로 따바를 들락거렸다. 그러나 몇 주 만에 이사를 한 탓에 말라코프의 따바와는 인연이 이어지지 못했다. 두 번째 거주지인 쉐쉐미디에서도 따바 탐방은 계속되었다. 우리의 공략 대상은 골목길에 있는 한적한 따바였다. 따바 찾기는 며칠 째 이어졌다. 그 사이 과외 선생의 말처럼 우리에게 인사를 하고 안부를 묻는 따바를 몇

프랑스의 선술집 따바. 따바는 전화카드, 담배, 커피, 맥주 따위를 파는 복합 선술집이다. 샌드위치 같은 간단한 식사를 할 수 있는 따바도 제법 많다.

군데 찾아냈다. 금발에 6백만 불의 미소를 가진 아리따운 아가씨가 우리를 맞이해주는 따바도 있었다. 고작 선술집을 찾은 것뿐인데 마치 큰일을 해낸 사람처럼 마음이 설레었다. 그러나 애써 개척해 놓은 두세 군데의 따바가 약속이나 한 것처럼 차례로 문을 닫아버렸다. 우리의 노력이 물거품이 되자 실망감이 사정없이 밀려들었다. 막 친해지기 시작한 친구가 말도 없이 떠나 버린 것처럼 마음이 허허로웠다. 우리는 더는 따바를 찾아다니지 않기로 했다.

파리지엔의 일상으로 들어가다

그러나 우리의 결심은 그리 오래가지 못했다. 이사를 한 지 한 달쯤 지났을 무렵이었다. 이른 저녁 담배를 사려고 밖으로 나왔다가 우리의 레이더망에 걸려들지 않았던 렝스탄트 프헤정(L'instant present)이라는 따바를 발견했다. 담배를 파는 코너와 술과 커피를 마실 수 있는 바, 그리고 식사할 수 있는 몇 개의 테이블이 놓여 있는 아담한 따바였다. 문을 열고 안으로 들어섰다. KFC의 할아버지와 흡사한 외모를 가진 주인아저씨가 다정한 목소리로 인사를 건넸다. 친근한 분위기가 느껴져 마음에 들었다. 아무 말 없이 온종일 이곳에 앉아 있어도 괜찮을 것 같았다. 처음 목적은 담배를 사는 것이었지만 우리는 누가 먼저랄 것도 없이 바에 자리를 잡고 앉았다.

몇 분이 지났을까. 갑자기 주인아저씨가 시키지도 않은 맥주 두 잔을 테이블 위에 올려놓았다. 우리는 손짓 발짓해가며 술을 주문하지 않았다고 열심히 설명했다. 주인아저씨가 웃으면서 뭐라고 한참을 떠들어댔지만 우리는 아저씨의 난해한 발음을 알아들을 수 없었다. 그때 반대편에 앉아 맥주

우리의 단골 따바의 주인장 도미니크. 그는
우리의 향수병을 달래주는 친구이자 동네
아저씨였다. 그의 꿈은 베트남에서 푸른
바다를 보면서 여생을 보내는 것이었다. 그는
지금쯤 꿈을 이루었을까?

를 마시고 있던 블루진 셔츠를 입은 중년 아저씨가 우리에게 웃는 얼굴로
손을 흔들었다. 누가 봐도 맥주 한 잔 사주고 싶다는 표현이었다. 우리는
'merci'를 외치며 맥주잔을 들어 올렸다.

공짜 술을 즐겁게 얻어먹은 이후 우리는 렝스탄트 프헤정에 빠져들기 시작
했다. 우리는 자주 얼굴을 내밀었다. 당당하게 먼저 인사를 하고 만날 때마
다 반가이 말을 건네자, 처음엔 우리를 관광객으로 알았던 주인아저씨와
단골손님들도 인사를 건네거나 하루 일과를 물어봐 주었다. 어쩌다 귀갓길
에 스케치북을 들고 들르기라도 하면, 그들은 우리를 '예술가'라 부르며 맥
주를 사주기도 했다. 우리는 따바에서 미술 학도로 꽤 유명했다. 단골손님

들은 스케치북을 들고 있는 우리를 보기만 하면 예술가들이 온다고 소리쳤다. 그들은 가끔 우리의 스케치북을 안주 삼아 술을 마시기도 했다. 우리는 지구의 반대편에서 날아온 가난한 학생이었지만, 적어도 따바에서는 모두에게 환영받는 예술가였다.

꼭 따바에서만 그런 것은 아니지만 처음 파리에 도착했을 무렵 우리를 당혹스럽게 만드는 일이 있었다. 따바에서도 그렇고 카페에서도 마찬가지인데, 같은 공간 안에서도 자리에 따라 가격 차이가 있었다. 식사를 할 때는 그렇지 않지만 테이블에서 음료나 술을 먹을 때에는 바에서 먹는 것보다 가격이 두 배나 비쌌다. 아마도 테이블이 바보다 공간을 많이 차지해서 그런 모양인데, 한편으로는 합리적이라고 느끼면서도 다른 한편으로는 한국과 달라서 신기했다.

어찌 보면 따바는 성격이 참 애매한 곳이다. 특히 우리의 시선으로 보면 더욱 그렇다. 담배 가게지만 꼭 그렇지 않고, 편의점이냐 하면 그것도 아니다. 식당이라고 하기도 뭐하고, 선술집 같지만 그렇다고 단정적으로 말하기도 개운치 않다. 뭐랄까? 담배와 신문을 파는 선술집? 뭐 이 정도로 불러야 비슷한 설명이 될 것 같다. 나는 따바에서 술을 마실 때면 종종 목로주점이라는 단어를 떠올렸다.

따바는 우리가 파리에서 가장 많이 찾은 공간이다. 해가 뜨면 따바에서 진한 에스프레소로 파리의 상쾌한 아침을 맞이하고 해가 지면 맥주 한 잔으로 달콤한 저녁을 즐겼다. 따바는 우리에게 파리의 일상을 보여주었고, 파리지엔들의 삶과 그들의 내면 풍경을 보여주었다. 그리고 무엇보다 Lee와 나에게 잊을 수 없는 추억과 따뜻한 위안을 주었다.

고독한 파리지엔 크리스티나

크리스티나의 눈물

우리는 주말을 빼고는 거의 거르지 않고 밤마다 렝스탄트 프헤정으로 술을 마시러 갔다. 그 즈음 그곳에서 프랑스의 중년 여성을 만났다. 그녀의 이름은 크리스티나였다. 짧은 머리와 검은색 뿔테 안경이 잘 어울리는 그녀는 서류 가방을 들고 우리처럼 매일 따바로 퇴근을 했다. 그리고는 언제나 만취가 돼서야 집으로 돌아갔다. 그녀는 항상 혼자였다. 매일 같은 자리에서 커피와 맥주를 즐기던 아시아의 젊은이들이 신기했는지, 하루는 그녀가 우리에게 말을 걸어왔다. 그 뒤로 우리는 종종 함께 술을 마시는 사이가 되었다. 그녀는 술에 완전히 취하기 전까지 파리에 대해 친절하게 설명해주곤 했다. 가끔 미테랑과 드골의 차이점 같은 어려운 정치적인 이야기까지 빠른 불어로 쉴 새 없이 말해줘 우리를 당혹스럽게 만들기도 했다.

어느 이른 저녁 따바에 들어서니 알딸딸하게 취한 크리스티나가 기분 좋은 얼굴로 가게 안을 돌아다니고 있었다.

"봉주르~ Lee~. 봉주르~ Moon~. 오늘은 또 어떤 새로운 일이 있었어?"

내 안으로 들어온 파리

크리스티나는 언제나 웃는 얼굴로 우리의 일과를 물어봐 주었다.

"미테랑 도서관에 갔다 왔어. 불어 공부 좀 했지."

"울랄라~, 너희가 미테랑 도서관을 알아? 오늘 술은 내가 쏜다. 정말 기분 좋다!"

미테랑을 아는 것이 좋았던 걸까? 아니면 정말 기분 좋은 일이 있었던 것일까? 우리는 마티니에 맥주를 첨가한 삐꽁 비에흐를 주량 이상으로 마셨다. 하지만 공짜 술을 먹는 기쁨도 잠시, 분위기가 점점 이상해지기 시작했다.

"안녕? 난 크리스티나야."

눈이 풀린 크리스티나가 말했다.

"하하하, 크리스티나. 갑자기 왜 그래?"

우리는 알 수 없는 두려움을 느꼈다.

"학생이니? 아니면 관광객?"

"맙소사!"

얼마나 취했는지 그녀는 우리를 기억하지 못하고 있었다. 순간 Lee의 목소리가 들려왔다.

"술 쏘기로 한 것도 기억 못 하는 거잖아! 우리가 다섯 잔은 더 마셨다고. 돈이 모자라!"

모자라~ 모자라~ 모자라~. 그녀의 말이 가게 안에 메아리쳤다.

우리는 그 많은 술값을 어떻게 해야 할지 몰라 난감했다. 그렇다고 어디서 돈을 구해 올 수도 없는 상황이었다. 따바 아저씨에게 사정을 말하기는 더욱 부담스러웠다. 우리는 아무 대책 없이 크리스티나가 술에서 깨기를 기다리며 그녀 옆에 가만히 앉아 있었다.

그들은 왜 파리로 갔을까

그녀는 우리와 나누었던 대화를 녹음기 틀어 놓듯 다시 시작했다. 웃음이 나왔지만, 한편으로는 불안했다. 다행히, 따바 아저씨가 우리의 사정을 이해했는지 그날따라 이른 시간인데도 가게의 불을 끄더니, 손님들을 다 밖으로 내보냈다. 그리고 셔터를 내려 버렸다.

이 상황을 어떻게 해야 할까? 우리는 가지고 있던 코 묻은 돈을 모두 아저씨에게 주면서 나름대로 열심히 설명했다. 그러자 아저씨는 윙크를 하며 집으로 빨리 돌아가라는 신호를 보냈다. 크리스티나는 이렇게 끝낼 수는 없다고 횡설수설하며 2차를 가자고 했다. 우리는 간신히 그녀를 설득해 집으로 가게 했다.

따바에서 나올 때면 크리스티나는 대부분 만취 상태였다. 그날도 마찬가지였다. 그녀가 집을 제대로 찾아갈 수 있을지 걱정이 되었다. 그런데 따바의 어떤 이도 그녀를 걱정하지 않았다. 때로는 그녀가 걸을 수 없을 정도로 만취가 되어 한없이 눈물을 흘리기도 했지만, 누구도 그녀를 위로해주지 않았다. 한번은 매번 찾아오는 단골인데 크리스티나가 걱정되지 않느냐고 따바 아저씨에게 물었다. 하지만 그는 괜찮다며 신경 쓰지 말라고 할 뿐이었다. 나중에 알게 되었는데 그녀는 이혼녀였다. 자녀는 다 성장해서 이미 독립한 상태였기 때문에 왕래도 뜸하다고 했다. 그녀는 쉐쉐미디 근처에서 혼자 살고 있다고 했다.

우리가 파리를 떠나기 얼마 전 한국에 가면 편지를 하겠다며 그녀에게 주소를 물어보았다. 그녀는 감동을 하였는지 말이 끝나기가 무섭게 우리의 아름다운 마음씨를 칭찬하며 또 술을 사겠다고 제안했다. 그것만으로도 모자랐는지 따바를 찾은 동네 사람들에게 마치 대단한 일이라도 되는 듯 소

문을 내고 다녔다. 그날도 그녀는 만취 상태가 되어 나중에는 우리를 기억하지 못했다. 그런 크리스티나가 고맙기도 했지만, 한편으로는 외로움이 얼마나 컸으면 저럴까 싶어 안쓰러운 생각이 들었다.

톨레랑스는 '나 신경 쓰지 마. 나도 너 신경 안 쓸게'라는 개인주의에서 출발한 것이다. 그런데 가끔 개인주의가 너무 잔혹하고 사람을 외롭게 만든다는 생각이 들었다. 때로는 잔소리처럼 들리는 주변 사람들의 충고도 사실은 정이 있기에 가능한 것 아니겠는가? 세상 모든 이치가 사실은 양날의 칼을 갖고 있듯이, 사람들을 편하게 해주는 개인주의도 그 정도가 지나치면 예기치 못한 탈이 나는 것이다. 프랑스의 개인주의가 크리스티나의 고독을 낳았다는 생각 때문에 마음 한구석이 무거웠다.

따바의 미술 선생님

우리는 개근상이라도 타려는 학생들처럼 매일 밤 렝스탄트 프헤정으로 향했다. 크리스티나도 마찬가지였다. 그러던 어느 날, 고독한 파리지엔 크리스티나가 나이가 지긋한 백발의 할아버지 한 분을 우리에게 소개해 주었다. 그는 언제나 빨간 니트에 커다란 갈색 뿔테 안경을 쓰고 앉아 혼자서 담배와 와인을 즐기곤 했다. 크리스티나에 의하면 그는 프랑스의 국립 미술대인 에콜 드 보자르에서 30년 넘게 학생들을 가르치다 퇴임한 전직 교수였다. 크리스티나는 그에게 우리에 대한 설명을 한참 늘어놓았다. 그는 코에 걸린 안경 너머로 우리를 한참을 쳐다보더니 스케치북을 보여 달라고 했다.

그는 담배를 한 대 물고 우리의 작품을 한 장 한 장 꼼꼼히 살폈다. 스케치

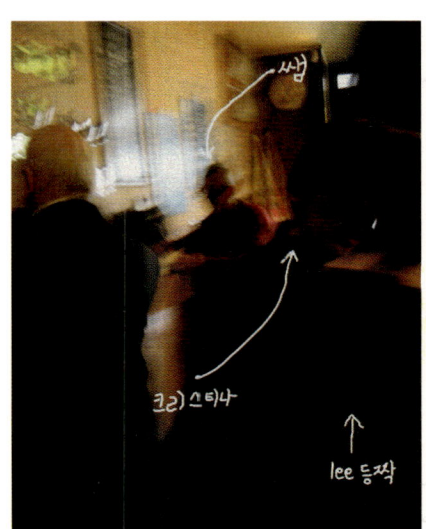

씸

크리스티나

lee 등짝

항상 따바에서 쓸쓸히 맥주를 마시던
크리스티나와 와인이 어울리던
에콜 드 보자르의 퇴직 교수.
크리스티나는 Lee와 대화중이고, 퇴직
교수님은 나의 그림을 보고 있다. 그가
내 그림을 보는 동안 얼마나 떨렸는지
사진이 미친 듯이 흔들렸다.

북을 넘기던 그의 손길이 누드 크로키에서 멈췄다. 그리고는 그림을 평하
기 시작했다. 그런데 담배를 얼마나 많이 피웠는지 그의 목소리가 여러 갈
래로 갈라져 잡음이 진동하는 것처럼 들려, 무슨 말을 하는지 도무지 알아
들을 수가 없었다. 물론 예의가 아닌 것 같아 그 앞에서는 알아듣는 척했
다. 그 후로도 우리가 스케치북을 들고 가는 날이면 그는 언제나 갈라지는
목소리로 그림에 대해 이런저런 평가를 해주었다. 여전히 잘 알아들을 수
없었지만 그것이 혹평이든 호평이든 무슨 상관이랴? 우리의 그림을 그렇
게 애정을 가지고 봐준 것만으로도 가슴이 뭉클했다. 우리는 그의 작업이
궁금해서 크리스티나를 통해 작품 활동에 대해 조심스럽게 물어보았다.

내 안으로 들어온 파리

"나는 작가가 아니야. 단지 교육자일 뿐이지. 내가 작가가 되었다면 학생들의 그림을 객관적으로 보지 못했을 거야. 몇십 년 동안 학생들과 행복한 시간을 보낼 수도 없었겠지. 교육자는 언제나 모든 작품을 받아들일 수 있는 열린 마음이 필요해. 예술을 하기 시작하면 자기 작품에 빠져버린다니까. 그러면 학생들을 제대로 지도하기 쉽지 않아. 작가와 교육자는 완벽하게 분리되어야 해. 그래야 작가는 최고의 작품을 만들 수 있고, 교육자는 최고의 학생들을 길러낼 수 있지."

우리는 그의 대답에 감동을 받아 진심을 다해 고마움을 전했다. 그러자 그가 놀란 얼굴로 대답했다.

"그게 무슨 말이야? 나야말로 고맙지. 은퇴를 했는데도 이렇게 학생을 가르칠 기회를 줘서 그대들이 너무도 고맙다네."

우리는 그가 진심으로 고마웠다. 그의 대답은 신선했지만 우리를 당혹하게 했다. 그는 대한민국의 교수들과 달랐다. 우리가 아는 교수들은 작가이면서 교육자였고 거기에 권력까지 거머쥐려는 사람들이었다. 학생들이 낸 등록금으로 월급을 받으면서도 언제나 학생들 위에서 군림했다. 마치 국민에게 월급 받으면서도 국민 위에 있고 싶어 하는 검찰이나 경찰, 고위 관료, 정치가들처럼 말이다.

아틀리에에서 인생을 배우다

아, 예술 하고 싶다.

해도 해도 불어가 늘지 않았다. 사실 한국에서 3개월. 파리에서 2개월 공부했다고 불어 실력이 늘었다면 그건 우리가 언어에 천부적인 소질을 갖고 있다는 얘기일 것이다. 우리는 어학원을 포기했다. 돈이 가장 큰 이유였지만 정형화된 시스템이 우리의 유전자와 맞지 않는 것 같았다. 한량 정신이 투철한 우리이기에 아무 고민 없이, 맥주 한 잔의 자유와 정형화된 시스템의 어학원을 맞바꾸기로 했다. 사실 따지고 보면 거리에 있는 사람들 모두가 불어 교사 아닌가? 비싼 돈을 들이면서 굳이 그 사각형의 교실에 앉아 있을 필요가 없었다. 그리고 또 하나의 이유! 난 내 그림으로 그들과 소통하리라!

파리에는 아틀리에라는 곳이 있다. 여러 사람이 모여 작품 활동을 하는 곳인데, 간단하게 말하자면 미술 학원 정도의 개념이지만 우리의 입시 미술 학원과는 근본부터 다르다. 파리에는 수백 개의 아틀리에가 있는데, 개인이 직접 운영하기도 하고 파리시 혹은 구청에서 운영하기도 한다. 아마추

내 안으로 들어온 파리

어부터 프로까지 순수하게 미술로 소통할 수 있는 시설이 수백 개가 넘는다는 생각을 하면 부럽기까지 하다. 파리지엔의 미술에 대한 관심과 열정이 그만큼 대단하다는 걸 말해주는 것이기도 하리라.

우리가 찾은 아틀리에는 집에서 불과 10분 거리에 있는 3층짜리 건물 1층에 있었다. 지은 지 몇백 년은 되어 보이는 푸석이는 벽돌에 낡은 창문을 단 건물이었다. 우리는 출입문 앞에서 한참을 고민했다. 아틀리에가 있을 만한 건물로 보이지 않았기 때문이다. 문 앞에 걸린 아카데미라는 간판이 아틀리에임을 설명해주고는 있었으나 드나드는 사람이 한 명도 보이지 않았다. 건물 안을 기웃거려 보았다. 작은 마당에 놓인 부서진 이젤과 의자가 눈에 들어왔다. 이 건물에 아틀리에가 있는 게 분명했다. 우리는 쏟아지는 햇살을 받으며 그곳에 앉아 누군가가 지나가기를 기다렸다. 우리에게는 아틀리에에 관한 좀 더 정확한 정보가 필요했다. 그러나 한참을 기다려도 개미 한 마리 지나가지 않았다.

들리는 소문에 의하면 모네, 피카소, 세잔이 거쳐 간 100년이 훨씬 넘는 전통을 자랑하는 아틀리에라고 했다. 역사는 빵빵했지만 건물도 볼품없고 주변 또한 썰렁하기 그지없었다. 한국 같았으면 '아무개가 그림 배운 곳' 혹은 '누구누구를 배출한 아틀리에'라는 선전 문구나 현수막을 걸 법도 한데 그런 것도 없었다.

우리는 창가로 다가가 내부를 기웃거렸다. 창문이 흐려 잘 보이지 않았다. 좀 더 얼굴을 들이대자 창틀에 쌓인 먼지 때문에 숨이 막혔다. 답답했다. 그래, 우리의 힘은 이판사판 정신 아니었던가? 용기를 내어 오랫동안 열어본 적이 없는 듯한 창문을 힘껏 밀었다.

아틀리에에서 그린 크로키. 우리는 몽파르나스 근처의 아틀리에에서 매일 2시간씩 누드 크로키를 했다. 소문에 따르면 모네, 세잔, 피카소가 거쳐 간, 100년이 훨씬 넘는 전통의 아틀리에였다.

내 안으로 들어온 파리

창문이 열리는 순간 나는 눈을 감았다.

"아, 이 냄새."

기억난다. 오래된 건물 특유의 퀴퀴함과 유화 물감이 뒤범벅된 냄새. 대학 입학 후 처음 미대 실습실 문을 열었을 때 맡았던 바로 그 냄새였다.

눈을 떠보니 강당처럼 큰 교실이었다. 수많은 사람이 그림을 그리고 있었다. 사람들의 손이 움직일 때마다 마치 대나무 숲에서 이는 작은 바람 소리가 들리는 듯했다. 교실 벽 쪽으로 누드모델이 보였다. 사람들은 한순간도 놓치지 않으려고 숨죽이고 있었다. 여탕을 훔쳐보는 사춘기 소년처럼 나 또한 숨을 멈추었다. 그래, 내가 이곳을 오려고 파리까지 날아온 것이 아니었던가? 나는 숨을 크게 내 쉬었다가 다시 들이마셨다. 기분이 상쾌했다.

할아버지 누드모델

우리는 수료증을 받기 위한 수업은 받지 않았다. 하지만 8개월 동안 파리의 아틀리에에서 진정한 자유의 숨을 쉴 수 있었다. 가끔 한국의 돈 많은 화가 아주머니와 아저씨들이 수료증을 받기 위해 이곳을 찾기도 했다. 알고 보니 그들은 수업에는 참여하지도 않고 돈으로 수료증을 사가지고 간 것이었다. 프랑스에서도 수료증 장사를 하다니. 수요가 있으니 공급도 있겠지만, 그래도 기분이 씁쓸했다.

우리는 매일 2시간씩 누드 크로키를 했다. 그리고 그곳에서 많은 사람을 만났다. 골수 화가, 백발의 아인슈타인처럼 인자하게 생긴 교수님, 중국인 아주머니, 노동자 차림의 아저씨, 그리고 몇몇 대학생들…… 그곳은 어떤 목적을 가지고 그림을 그리는 곳이 아니었다. 그림을 그리는 기쁨을 누리고,

그림으로 소통을 하는 장소였다. 모델 또한 일이 끝나도 바로 집에 가지 않고 자신이 그림 속에 어떻게 표현되었나 보면서 사람들과 대화를 나누었다. 어느 날 아틀리에의 실기실로 뼈가 앙상하고 콧수염을 기른 할아버지가 들어오셨다. 나는 당연히 그림을 그리려고 오신 줄로 알았다. 그런데 할아버지가 갑자기 옷을 하나하나 벗기 시작하더니 단상 위로 올라가시는 것이 아닌가? 다들 아무렇지도 않은 듯 크로키를 시작했지만 나는 충격을 받아 손을 움직일 수 없었다. 누드모델을 제법 보아 왔지단 80세 이상으로 보이는 할아버지의 전신을 보고 있자니 문득 나의 할아버지가 생각나 그림을 그릴 수 없었다. IMF 시절 우리의 아버지들이 돈을 벌려고 누드모델을 했다는 얘기를 들었던 기억도 떠올랐다.

주위를 둘러보니 나 혼자만 아무것도 하지 않고 있었다. 나는 계속 이어지는 생각의 꼬리를 자르고 숨을 크게 들이마셨다. 그리고는 그림을 그리기 시작했다. 자세히 보니 할아버지의 자세가 좀 남달랐다. 실기실로 들어오실 때에는 허리를 펴기도 어려운 것처럼 걸으시더니, 단상 위에서 잡은 포즈는 어떤 누드모델보다 역동적이었다. 두 발을 어깨너비쯤 벌리고, 두 손으로는 준비해 오신 줄을 힘껏 당기면서, 울부짖는 듯한 표정으로 하늘을 응시했다. 그의 근육 또한 어떤 젊은이의 그것보다 역동적이었다. 그는 헬레니즘 시대를 대표하는 조각상 '라오콘'처럼 순간적인 긴장과 고통을 생동감 있게 표현하고 있었다. 말 한마디 나눠본 적 없는 그에게서 그가 살아온 삶을 느낄 수 있었다.

그의 얼굴은 순간순간 변했다. 때로는 공포에 질린 표정으로, 때로는 환희에 찬 표정으로, 그는 우리에게 에너지를 불어 넣어 주었다. 모든 것이 정

내 안으로 들어온 파리

할아버지 누드 크로키. 80살은 되어 보이는 할아버지 모델이었으나 그는 어떤
누드모델보다 역동적이었다. 그는 조각상 '라오콘' 처럼 순간적인 긴장과 고통을 생동감
있게 표현하고 있었다. 나는 난생처음 육체가 아닌 영혼으로 그림을 그리는 경험을
했다.

지된 듯했다. 그저 그의 감정이 이끄는 대로 따라가면서 순간순간 내 손의 움직임에 집중할 수밖에 없었다. 나는 난생처음 육체가 아닌 영혼으로 그림을 그리는 경험을 했다.

40여 분의 시간이 지나고 할아버지는 단상에서 내려와 인사를 하고 옷을 입기 시작했다. 그러자 그곳에 있던 사람들이 마치 약속이나 한 것처럼 일어섰고, 그를 향해 박수를 치기 시작했다. 그 어떠한 시상식의 박수보다도 감동적이고 우렁찬 박수였다. 할아버지는 한 명 한 명에게 악수를 청했고 사람들은 그에게 마음을 다해 감사의 인사를 했다. Lee의 눈에 눈물이 고여 들고 있었다. 내 몸에서는 좁쌀 같은 소름이 폭죽처럼 돋아났다. 나는 뜨거운 한기를 느끼며 바르르 몸을 떨었다.

얼마나 시간이 흘렀을까? 나는 한국의 대학을 생각했다. 나는 그곳에서 무슨 그림을 배웠을까? 그래, 기억난다. 학점이 잘 나오는 방법을 배웠다. 그리고 또 있다. 대학은 처세를 갸르쳤고 팔리는 그림이 무엇인지 가르쳤다. 경쟁에서 이기는 법을 가르쳤고, 환경에 순응하는 인간 로봇이 되는 방법을 가르쳤다. 한 나라의 지성이 모인다는 대학은 자본의 논리에 투항한 지 이미 오래였다. 진리와 정의를 논하고 예술의 진정성을 토론하는 이가 있으면, 그는 곧바로 아웃사이더, 혹은 좌파로 불렸다. 그래서 나는 슬펐다.

그 뒤로 100킬로그램이 넘는 중년의 아주머니와 뼈간 앙상하게 남은 아저씨 등 우리의 편견을 깨 주는 이미지를 가진 분들이 누드모델로 참여했다. 우리는 문화적 충격을 받았다. 겉모습은 사회적 소수자였지만, 당당히 그들의 모습을 열어 보였고, 우리에게 환상적인 작품을 만들 기회를 만들어 주었다. 나는 그들에게서 인생을 배웠다. 그리고 진정한 예술을 배웠다.

내 안으로 들어온 파리

나의 친구 헤나토

루브르의 밥 말리

파리의 봄은 거북이처럼 아주 느릿느릿 왔다. 기온은 3월보다 한결 따뜻했지만 4월이 되어서도 날씨는 별반 나아질 기미를 보이지 않았다. 그래도 이젠 파리 날씨에 많이 적응이 되었다. 가물에 콩 나듯 햇살이 돋았지만 우리는 이제 그 햇살을 즐길 줄 알았다.

4월의 첫 번째 일요일, 우리는 그날도 무료 문화생활을 즐기려고 루브르로 향했다. 그곳에서 헤나토를 처음 보았다. 「사모트라케의 니케」를 한참 감상하고 있는데 갑자기 '밥 말리'의 트레이드마크인 드레 드록스 머리를 한 흑인 청년이 눈에 들어왔다. 워낙 사람이 많았기 때문에 루브르에서 그림을 그리기란 다른 미술관에 비해 힘든 편이다. 무료로 개방하는 날엔 더욱 그랬다. 그날도 첫 번째 일요일이라 작품에 집중하기가 무척 힘이 들었다. 그런데도 그는 미동도 하지 않고 계단에 앉아 조각상을 크로키 하고 있었다.

평소 '밥 말리'의 열광적 팬이었던 우리는 그에게서 눈을 뗄 수가 없었다. 편견일지 몰라도 우리가 만난 파리의 그림쟁이들은 모두 백인이었기에, 그에 대한 궁금증은 더욱 증폭되었다. 하지만 소심한 우리는 인파에 밀려 그의 곁을 그냥 스쳐 지나갔다. 그날 이후 Lee와 나는 종종 이름도 모르는 '루브르의 밥 말리'에 대해 이야기를 나누었다.

살다 보면 '감'이란 것이 있다. 무슨 일이 일어날 것 같은 느낌 말이다. 고등학교 수학 시간에 선생님이 꼭 내 번호를 부를 것 같아 고개를 숙이고 있으면 내 번호가 무참히 불린다든가, 짝사랑하는 여자가 나타날 것만 같아 가슴이 콩닥콩닥 뛰기 시작하면 정말 영화처럼 그녀가 저 앞에서 걸어오는, 그런 거 말이다. 아틀리에를 찾은 4월 중순의 어느 날, 믿기지 않는 일이 실제로 일어났다.

아틀리에에 들어서면서도 우리는 여전히 이름도 모르는 그에 대해 이야기를 나누고 있었다. 「사모트라케의 니케」에 집중하던 그의 모습을 떠올리며 오늘 그릴 그림을 위해 에너지를 모아볼 생각이었다. 그런데 갑자기 저 앞에서 낯익은 얼굴이 두 눈으로 쏟아져 들어왔다. 아, 루브르의 밥 말리……, 그 흑인 화가? 처음엔 그에 대한 인상이 너무 깊어 헛것이 보이는 줄 알았다. 나는 믿기 어려워 두 눈을 꾹 감았다가 다시 떴다. 헛것을 본 게 아니었다. 밥 말리가 저 앞에서 멋진 자세로 그림을 그리고 있었다.

그렇다면, 루브르에서 그를 본 건 예고된 우연? 우리는 흥분했다. 이번에는 그냥 지나칠 수 없었다. 흥분을 가라앉히려 애쓰며 이 상황에서 무엇을 할 것인가 생각했다. Lee가 그의 옆자리가 비었다고 말하며 두 눈을 반짝였다. 더 생각할 것도 말 것도 없었다. Lee와 나는 조심스럽게 그에게 다가갔다.

우리는 그가 그림을 그리는데 방해가 되지 않도록 조심조심 짐을 풀었다.

내 안으로 들어온 파리

밥 말리 머리를 한 헤나토와 내가 그린 그의 초상. 헤나토는 말했다. 세상에는 두 명의 신이 있지. 한 명은 하나님이고, 또 한 명은 밥 말리지!

한 시간이 흘렀건만 나는 아직 시작도 못 하고 텅 빈 내 스케치북만 바라보고 있었다. 그가 지우개라도 떨어뜨려 주기를 기다리며, 힐끗 그의 그림을 쳐다보았다. 그때 갑자기 그의 목소리가 들렸다. 나는 깜짝 놀라 주변을 돌아보았다. 분명히 나한테 한 말이었다. 그리고 너무나 다행스럽게도 나는 담배 있느냐고 묻는 그의 말을 알아들었다. 아틀리에 밖에서 그와 담배를 피우면서 나는 그에게 물었다.

"밥 말리 좋아해?"

그는 담배연기를 하늘 높이 뿜더니 우수에 가득 찬 표정으로 말했다.

"세상에는 두 명의 신이 있지, 한 명은 하나님이고, 또 한 명은 밥 말리지!"

그 후로 우리는 그의 팬이 되어 버렸다. 우리는 오래 전부터 알고 있던 사람들처럼 스스럼없이 지내기 시작했다. 눈빛이 그윽한 그의 이름은 헤나토였고, 고향은 아프리카였다. 루브르에서 처음 보았을 땐 이민 2세라고 짐작했는데, 그는 흑인이었지만 애초부터 프랑스 사람이었다. 아프리카에 있는 프랑스령의 섬, 그곳이 헤나토의 고향이었다.

헤나토의 슬픔

그날 이후로 우리는 매주 일요일 루브르박물관에서 함께 그림을 그렸다. 헤나토는 언제나 「사모트라케의 니케」를 그렸다. 간혹 우리에게 조각상에 대해 많은 것을 말해주었는데, 우리의 귀는 여전히 불어를 거부하고 있던 터라 그냥 바보같이 웃고만 있었다. 나중에 알게 되었는데 그가 「사모트라케의 니케」를 특별히 좋아하는 이유가 따로 있었다. 그 조각상은 팔과 머리가 없어 어느 인종인지 알 수 없기 때문이라고 했다.

그림도 그림이지만 우리가 매주 루브르를 찾은 것은 헤나토와 즐기는 음주가무 때문이었다. 우리는 크로키가 끝나면 루브르어 앉아 해가 지기를 기다리며 이런저런 이야기를 나누었다. 대화를 나누는 사이사이 헤나토는 인내심을 가지고 불어를 가르쳐 주기도 했다. 지금 생각해도 정말 고마운 일이다. 멋진 노을이 보이기 시작하면 우리는 맥주를 가셨다. 그러나 루브르에서 이것은 명백한 불법 행위였다. 그때는 그 사실을 몰랐다. 그냥 그가 술을 마시기에 당연한 일인 줄 알았다. 가끔은 모르는 게 약일 때도 있는 법이다. 만약 한 번이라도 경찰에 발각되었다면 우리는 강제 출국을 당했을지도 모른다. 하지만 뭐가 두려우랴! 예술과 삶을 논하는데 술이 빠질 수는 없지 않은가?

내 안으로 들어온 파리

루브르 박물관에 전시된 「사모트라케의 니케」. BC 190년경에 제작된 작품으로 헬레니즘 시대의 조각이다. 날개가 달린 니케(승리의 여신)를 표현하고 있지만 머리 부분과 양 팔뚝은 없어졌다.

그는 술을 먹으면 이름도 모르는 아버지에 대한 노래를 불렀다. 흑인의 타고난 리듬감으로 스케치북을 드럼 삼아 부르는 그의 노래가 루브르의 벽을 타고 울렸다. 마치 텅 비어 있는 콘서트장에서 그가 우리만을 위해 노래를 불러주는 것 같았다. 무슨 설움과 한이 그토록 많은지 그의 눈시울이 붉어졌다. 그의 눈물 앞에서 어떻게 위로해줘야 할지 몰라 땀을 한 바가지나 흘렀다. 우리는 흑인이 아니었지만 그의 아픔을 함께 느낄 수 있었다. 강대국의 틈바구니에서 침탈에 시달리며 살아온 우리의 역사 때문이었을까? 그의 한 서린 목소리는 우리네 판소리처럼 가슴 속으로 파고들었다.

왜 내 아버지를 죽였을까?
왜 내 어머니를 죽였을까?
왜 우리 마을은 불탔을까?
내가 너보다 검기 때문이구나.
　　　－헤나토의 노래

그의 한 많은 노래가 루브르의 벽을 타고 울려 퍼지면, 우리는 우리나라의 아픈 과거를 떠올렸다. 일본과 만주와 상해와 심지어는 지구의 반대편 멕시코와 하와이를 떠돌던 우리의 할아버지와 할머니를 떠올렸다. 그리고 그들이 한을 달래며 불렀을 아리랑을 떠올렸다. 아~리랑~ 아~리랑~ 아~라~리~요~. 헤나토도 울었고 우리도 울었다. 파리의 하늘이 붉어지는 만큼씩 그와 우리의 눈시울도 붉어지고 있었다.

내 안으로 들어온 파리

예술과 지성의 거리, 생제르맹데프레

거리가 곧 미술관이다

집을 나서면 나는 새로운 길을 찾아다녔다. 그러다 길을 잃어버리면 지도를 꺼내 확인하고 건물들을 하나하나씩 자세히 들여다보았다. 그러면 어떤 건물에 무슨 가게가 있고 사람들이 무엇을 하는지 눈에 들어왔다. 이렇게 골목을 쑤시고 다니면 건물이나 상점뿐 아니라 낙서, 쓰레기 같은 파리 골목의 모든 것들이 눈으로 들어왔는데 이것만큼 재밌는 놀이도 없었다. 장소만 변했을 뿐이지 파리의 골목길은 어릴 적 내가 뛰놀던 작은 시골의 골목길 같은 곳이었다.

따뜻한 봄날의 햇살과 조금 차가운 공기가 어우러진 어느 오후였다. 센 강가에서 햇살을 받으며 혼자서 사과와 빵 하나로 점심을 때운 후, 여느 때와 같이 새로운 골목길을 찾아 들어갔다. 파리의 골목을 돌아다니다 보면 어린 시절 내가 다니던 우리 동네 골목길이 선명하게 떠올랐다. 누가 사는지에 따라 골목길의 분위기가 달랐다. 어떤 길은 꽃이 가득 피어 있어 아름다웠고, 어떤 길은 돌담이 아늑하게 들어서 있어 운치가 넘쳤다. 돌담길은 비

생제르맹데프레의 들라크루아 미술관 앞에 있는 아주 작은 광장. 마티스, 르네 마그리트, 벤자민 페레 같은 화가들이 생제르맹데프레의 카페와 레스토랑을 자주 이용했다. 그중에서 가장 유명한 카페가 130년이 넘은 '카페 레 되 마고'이다.

석 치기 재료를 구할 수 있어 나에겐 최고의 놀이터였다.

파리의 골목길도 나의 옛 골목처럼 골목마다 다른 분위기를 가지고 있었다. 어떤 길은 두 사람이 겨우 지나갈 수 있을 정도로 좁은데다가 건물로 온통 둘러싸여 있어 미로 같은 분위기가 났다. 어떤 골목은 바닥에 작은 돌들이 빼곡히 박혀 있어, 당장 그 돌을 주워 비석 치기를 하고픈 충동을 일게 하였다. 또 어떤 골목길에는 항상 할머니들이 모여 하루가 어떻게 가는지도 모르고 만담을 나누었다. 나는 이렇게 골목길을 걸으며 파리에 대한 애정을 키우고 있었다.

오전에 내린 비 때문인지 그늘진 곳에서는 아직도 쌀쌀함이 느껴졌다. 나는 해를 찾는 해바라기처럼 새로운 길을 찾아 낯선 골목길로 접어들었다.

내 안으로 들어온 파리

생제르맹데프레 지도. 작고 아담한 광장 혹은 거리들이 거미줄처럼 얽혀 있다. 예술과 지성의 공간인 이곳에서 입체파, 야수파, 초현실주의 등이 생겨났다.

골목에 들어서자마자 입구에서부터 작은 갤러리들이 하나둘씩 눈에 들어왔다. 갑자기 어린아이처럼 가슴이 뛰기 시작했다. 파리 어느 곳엔가 우리의 인사동처럼 수많은 갤러리가 있는 곳이 있다는 이야기를 들은 적이 있었다. 실제로 그곳엔 크고 작은 갤러리들이 마치 을지로의 공업사처럼 빼곡히 들어서 있었다.

갤러리들은 대부분 안이 훤히 보이게 되어 있어서 굳이 실내로 들어가지 않고서도 작품을 감상할 수 있었다. 운치 넘치는 오래된 골목에 각양각색의 전시가 절묘하게 조합되어 있어 길 전체가 하나의 야외 미술관 같았다. 세월이 만들어낸 자연스러움과 사람이 창조한 예술이 합쳐지면서, 우리가 꿈꾸던 파리의 진정한 미학이 그 실체를 드러내고 있었다. 역사와 세월이 만든 골목 풍경은 세상의 어떠한 인위적 디자인보다 아름다웠다.

나는 이 골목길을 발견하자마자 Lee에게 마치 로또 복권에라도 당첨된 사람처럼 흥분하며 그곳에 대한 설명을 장황하게 늘어놓았다. 한참을 듣고 있던 그녀가 한 마디 던졌다.

"거기가 생제르맹데프레야. 몰랐어? 파리에서 그곳을 모르면 간첩이란다……."

파리의 예술과 지성이 숨 쉬는 곳. 나의 무지함에 말문이 막혔다. 나는 파리에 온 지 두 달이 훨씬 지나서야 그곳이 생제르맹데프레라는 것을 알게되었다. 이곳은 20세기 세계의 예술과 문화를 이끌던 프랑스의 지성이 살아있는 곳이다. 입체파, 야수파, 초현실주의 등이 바로 이곳에서 생겨났다. 쉽게 말하자면 마티스, 르네 마그리트, 벤자민 페레 같은 화가를 비롯하여 철학자, 비평가, 영화인, 시인들이 이곳의 카페와 레스토랑에서 매일

내 안으로 들어온 파리

프랑스 최고의 미대인 에콜 드 보자르 앞에 서 있는 Moon과 Lee. 나는 보자르의 자유로운 분위기에 강한 부러움을 느꼈다. 루오와 마티스가 이곳 출신이다.

토론을 벌이고, 예술적 고뇌를 빙자한 술판을 벌였다. 그들이 머물렀던 카페들은 오늘도 여전히 손님들에게 토론과 고뇌를 위한 장소를 제공하고 있다. 그중에서 제일 유명한 곳이 생제르맹데프레 교회와 마주한 '카페 레 되 마고'이다.

1885년 처음 문을 연 후 지금까지 수많은 시인과 화가, 철학자들이 카페 레 되 마고를 거쳐 갔다. 1933년부터는 카페가 자체적으로 문학상을 제정해 매년 수상자를 선정해 상을 수여하고 있다. 100년이 넘는 카페와 갤러리가

그들은 왜 파리로 갔을까

존재하기에 오늘의 파리가 있는 게 아닐까. 바로 저 힘이 동양의 하찮은 미술 학도를 파리로 불러들인 것이다. 20세기 예술과 지성이 태동한 공간에 내가 서 있다는 것이 눈물이 나올 만큼 감격스러웠다.

에콜 드 보자르에 가다

생제르맹데프레에는 프랑스를 대표하는 미술가 루으와 마티스 등을 배출한 국립미술학교 '에콜 드 보자르'가 있다. 보자르는 미대생이라면 어느 누구나 공부하기를 꿈꾸는 프랑스 최고의 미술대학이다. 잘은 모르지만 보자르에는 한국의 대학에는 없는 특별한 무엇인가가 있을 것 같았다. Lee는 그 특별함의 근거가 뭐냐고 물었다. 나는 그곳에 다니는 여학생들은 '나오미 캠벨'을 닮아 모두 모델같이 아름다울 것이라고 주장했다.

보자르를 찾은 첫날, 학생들이 북적이는 풍경을 상상한 우리는 눈을 의심할 수밖에 없었다. 파리에서는 찾아보기 어려운 쓸쓸함이 우리를 맞이했던 것이다. 자유분방하고 뭔가의 열기에 가득 차있으리라 생각했으나, 우리의 생각은 그저 상상에 불과했다. 게다가 정문의 흉상들이 왠지 모를 엄숙한 분위기를 만들어 주고 있어서, 우리는 점점 위축돼가고 있었다.

Lee는 프랑스 유학을 계획했던 적이 있었기에 보자르에 대해 아주 잘 알고 있었다. 그러나 나는 파리에 오기 전 과외를 받았던 불어 선생에게 전해 들은 게 다였다. 건축을 전공했던 그는 보자르의 학생들과 '건축은 예술이다, 아니다'로 토론을 벌였던 이야기를 자랑삼아 해주었다. 그러면서 보자르 출신이 아니면서도 보자르와 프랑스의 미술 제도에 대해 자랑스럽게 설명해주었다. 설명을 하는 동안 그의 코끝은 저 하늘 끝까지 닿을 지경이었다.

왠지 '너희 나라와는 차원이 달라'라는 말을 돌려 하는 것 같아 기분이 정말 엿 같았다. 과외 선생의 목소리가 아직도 귓가에 맴도는 듯하였다. 나는 밀리지 않으려고 정문의 흉상들과 다시 기 싸움을 시작했다.

우리는 누가 뭐라 하든 신경 쓰지 않고 보자르 구석구석을 내 집처럼 둘러보았다. 실기 교실은 며칠째 정리를 하지 않은 듯 몹시 지저분했다. 학생들의 작품은 실기실 밖에 방치되어 있었고, 벽에는 낙서가 춤을 추고 있었다. 그러나 그 지저분함과 방치, 낙서들 사이에서 나는 무엇인가를 느꼈다. 특히 실기실 안에는 어떤 기운이 진하게 스며들어 있었는데, 그것은 바로 자유였다. 애써 외면하고 싶었지만 그동안 이곳을 스쳐간 수많은 청춘과 그들의 자유가 아프게 가슴 속으로 비집고 들어왔다.

널찍한 강의실에서 몇몇 학생들이 연필과 콩테를 이용해 벽과 천장을 캔버스 삼아 멋진 작품을 만들고 있었고, 다른 몇 명은 바닥에 앉거나 드러누워 낄낄대고 있었다. 복도에는 낙서로 가득 찬 벽면과 메모지가 빼곡히 붙어 있는 게시판이 있었고, 그 옆에서 두 명의 학생들이 그림을 들고 뭐라 말하며 떠들고 있었다. 그들의 등 뒤로 낙서처럼 그려진 낯익은 얼굴이 얼핏 보였다. 우파의 대통령 후보로 떠오르고 있는 사르코지였다. 뒤이어 문구 하나가 시선 속으로 들어왔다.

'미친놈 가서 뒈져라! (Vat te fair foudre espece de conard!)'

보자르는 더럽게 아름다워 보였다. 자유를 보며 더러움과 아름다움을 동시에 느끼다니. 참으로 낯선, 하지만 소중한 경험이었다. 보자르를 나오며 '나는 주어진 자유에 충실했던가?'라는 질문을 던져보았다. 문득, 알 수 없는 서글픔이 밀려왔다. 아니, 서글픔이 지나쳐 질투심이 불타올랐다. 갑자기, 거침없이 붓질을 하고 싶었다.

나는 생제르맹데프레가 좋다. 그곳에 가면 주체할 수 없는 희열과 에너지가 느껴진다. 게다가 그곳엔 프랑스 최고의 미술대학 '에콜 드 보자르'가 있지 않은가. 자유가 물고기처럼 펄떡이는 곳, 예술의 향기가 강물처럼 흐르는 곳, 사유와 토론이 일상이 되어버린 곳. 그 어떤 수식어로 이 공간을 제대로 표현할 수 있을까.

그리고 또 하나. 생제르맹데프레에는 스타벅스가 없어서 좋다. 아니 스타벅스뿐만 아니라 어떠한 프랜차이즈 상점도 거의 눈에 띄지 않는다. 신자유주의 자본 따위가 들어갈 영역을 조금도 내주지 않는 그들의 정신이 살아 있어서 생제르맹데프레가, 나는 너무도 좋다.

자유와 지성 그리고 예술이 공존하는 우리의 생제르댕데프레는 어디일까? 아무래도 한국의 예술가들이 가장 많이 모인다는 홍대 앞과 인사동을 들 수 있지 않을까? 그런데 그곳에는 생제르맹데프레와 큰 차이점이 하나가 있다. 언제부턴가 예술과 지성보다는 자본이 중심이 되어버렸다는 점이다. 수년 전부터 홍대 앞으로 들어온 자본은 가난하지만 꿈 많던 예술가들을 마치 재개발 지역의 주민들처럼 매몰차게 내몰았고, 인사동 또한 예술의 자리를 상업주의에 넘겨주었다. 인사동의 스타벅스가 간판을 한글로 내걸었다고 수십 년 동안 고유의 전통과 문화를 지켜온 찻집이 되는 것은 아니지 않은가. 아, 우리에겐 왜 생제르맹데프레가 없을까-?

내 안으로 들어온 파리

문화 해방구, 마레 지구

걷고 싶으면 마레로 가라

파리를 다녀온 후 받기 싫어하는 질문이 몇 가지 생겼다. 그 중 하나는 불어에 관련된 질문이다. 종종 나에게 아무 이유 없이 불어를 해보라는 사람들이 있다. 나는 불어를 잘하지 못할뿐더러 도무지 무슨 말을 하라는 건지 이해가 되지 않았다. 불어 하는 사람이 무슨 대단한 것도 아니고, 그렇다고 서커스 광대도 아니지 않은가?

그리고 또 하나는 파리를 여행하려 하는데 좋은 곳을 추천해 달라는 것이다. 뭐 여행하려는 사람으로서는 당연한 질문이기는 해도 내가 할 대답이 너무 뻔해서 고민스럽게 만들었다. 그래도 굳이 대답을 해야 한다면 그냥 지도를 들고 온종일 걸으라고 대답해준다.

속도전이 일상인 현대 사회에서 걷기는 아주 비효율적인 행위가 되어 버렸다. 속도가 기준이라면 타당한 이야기다. 하지만 '제대로'가 기준이 된다면 이야기는 완전히 달라진다. 내 경험에 의하면 자동차나 지하철에 의지해 여행을 하다 보면, 그러고도 많은 경험을 얻으려 한다면, 십중팔구는 실패할

공산이 크다. 속도와 '제대로 보기'는 양립하기 어렵다. 주마간산이라는 말도 있지 않은가?

파리는 걷기에 아주 좋은 도시다. 걷다 보면 낮은 건물들 위로 펼쳐진 푸른 하늘을 볼 수 있다. 나는 파리에서 시간이 거꾸로 흐른다고 생각하며 천천히 걸어다녔다. 그러다 보면 에펠탑 같은 관광지에서 볼 수 없는 파리의 색다른 아름다움을 느낄 수 있을뿐더러, 걷기의 미학, 느림의 미학까지 느낄 수 있었다.

하지만 나의 제안에도 사람들은 원망 섞인 목소리로 구체적으로 한 군데를 콕 집어 달라고 요구했다. 그러면 나는 주저 없이 '마레 지구'를 추천했다. 왜? 가장 파리답지 않은 지역이니까. 그래서 매력적이고 황홀한 지역이기도 하니까. 마레는 파리에 속한 어떤 곳이 아니라, 그냥 '마레' 그 자체이다. 프랑스 사람들은 종종 파리는 프랑스가 아니라는 말을 하고는 한다. 파리지엔의 차가움과 불친절함이 빚어낸 대도시의 특성 때문에 그렇게 생각할 수도 있겠지만, 그보다는 수백 년의 역사가 만들어온 파리만의 특별한 정체성 때문일 것이다. 파리가 그런 것처럼 마레 지구 또한 마레만이 갖고 있는 독특함, 이를테면 문화와 예술이 융합하여 황홀경을 만들어 내는 마법 같은 곳이다. 무엇보다도 마레는 걸어다니며 여행하기 딱 좋은 장소이다.

우리는 일본 친구 츠요시 덕분에 마레 지구를 알게 되었다. 주말이 되면 파리의 상점들은 전멸하다시피 문을 닫는다. 그래서 파리에서의 인생을 막 시작한 신출내기들은 대부분 주말 내내 낮잠을 자거나 공원을 산책하거나 책을 읽으면서 시간을 죽인다. 파리에 짐을 푼 초년생이 대개 그렇듯이 우

내 안으로 들어온 파리

리도 처음엔 건조한 주말을 보냈다. 그러던 어느 날, 츠요시 군이 주말은 마레 지구에서 놀아야 한다는 기막힌 정보를 알려주었다. 마레 지구는 주말에도 상점들이 문을 열고, 파리의 젊은이뿐만 아니라 관광객들이 모여들어 인산인해를 이룬다는 것이었다.

늪에 빠지다

그 다음 주말, 지도를 들고 아침 일찍 마레 지구를 찾아 나섰다. 지도가 일러주는 대로 생폴 역에서 지하도를 빠져나와 낡은 회색빛 건물들로 둘러싸인 좁은 골목길로 접어들었다. 골목엔 안개가 내려 있었다. 전날 먹은 술이 덜 깬 탓이었는지 아니면 낯섦 때문이었는지, 갑자기 마법 같은 기운이 몸을 감싸는 기분이 들었다. 이 골목이 끝나는 곳 어디쯤에선가 전혀 새로운 세상이 나를 기다리고 있을 것만 같았다.

어느 골목 끝자락에서 우리는 처음 보는 광경을 목격했다. 둥근 모양의 검정 모자를 쓰고 수염을 가슴까지 기른 아저씨들 몇이 서 있었다. 다른 골목길로 방향을 바꾸었으나 그곳에도 어린 아이부터 할아버지까지 모두, 좀 전에 본 아저씨들과 똑같은 의상을 하고 빠른 걸음으로 어디론가 가고 있었다.

호기심이 발동한 우리는 그들의 뒤를 따랐다. 어디로 가는지는 알 수 없었다. 어린 시절 읽은 동화의 나라에 들어온 듯한 몽환적 분위기를 떨칠 수 없어, 피리 부는 사나이를 따라 어디론가 길을 떠났던 아이들처럼, 그렇게 잠시 모든 것을 잊고 그들을 따라갔다. 멀리서 왁자지껄한 사람들의 소리가 들렸다. 골목 끝 옅은 안개 너머로 많은 사람이 모여 있는 게 보였다. 나

문화 용광로인 마레 지구. 갤러리, 박물관, 패션 전문 서점, 음란 가게, 섹스 용품 가게 등이 혼재해 있어 아주 독특한 분위기를 풍긴다. 늪에 빠진 것처럼 헤어 나올 수 없는 황홀경의 공간이다.

는 방금 잠에서 깬 아이처럼 나른한 눈으로 그들을 바라보았다.

파리에서 한 번도 본 적이 없는 의상이었다. 아니 내 짧은 인생 동안에 저런 특이한 복장은 일본의 코스프레를 제외하고는 본 적이 없었다. 그렇다고 중동이나 동유럽의 전통 의상도 아니었다. 순간-적으로는 과거 언젠가 존재했던 이름을 알 수 없는 유럽 어느 민족의 의상이 아닐까 상상해 보기도 했다. 카우보이들도 아니고 도대체 누구인지 알 수 없었다.

늘 그렇듯이 우리는 궁금한 것은 참을 수가 없었다. 정신을 차리고 다시 그들을 쫓아 걸었다. 그들이 멈추면 그 자리에 서고, 그들이 걷기 시작하면

내 안으로 들어온 파리

문신기의 디지털 아트 「Road」 시리즈 중 첫 번째 작품. 마레 지구와 파리의 각 공간을 컴퓨터로 조합하여 만들었다. 이 시리즈로 2008년 삼성생명이 주최한 디지털파인아트 공모전에서 금상을 수상했다.

내 안으로 들어온 파리

우리도 다시 걸었다. 우리는 무슨 첩보 영화를 찍는 사람들처럼 그들이 눈치 채지 못하도록 조심하며 가까이 다가갔다.

그들은 성경처럼 보이는 검은색 책을 들고 있었다. 자세히 보니 아랍어도, 인도어도 아닌 난생처음 보는 문자가 적혀 있었다. 뭐야! 이 사람들 혹시 외계인을 믿는 신흥 종교 집단?

순간 그들은 약속이나 한 것처럼 한꺼번에 바로 옆 건물로 들어갔다. 건물 안까지 들어갈 용기가 나지 않았다. 이렇게 호기심이 그냥 묻히는 걸 안타까워하고 있는데, 건물 입구에 커다랗게 그려져 있는 낯익은 육각별이 보였다. 아! 그때야 기억이 났다. 저 별! 팔레스타인과 이스라엘의 분쟁을 보도하는 뉴스를 통해 수도 없이 보았던 이스라엘의 국기에 그려진 육각별이었다.

그들은 전통 의상을 입은 유대인들이었다. 나중에 안 일이지만, 마레 지구는 유대인들이 모여 사는 곳으로 유명한 지역이었으니, 그들이 이곳에 있는 것은 당연한 일이었다. 그때야 나는 주위를 둘러보았다. 꽉 끼는 가죽옷을 입은 남자 커플이 프렌치 키스를 나누고 있는 모습이 눈으로 쏟아져 들어왔다. 이번에는 나는 촌스럽게 깜짝 놀라서 소리를 지를 뻔했다. 태연한 척 노력했지만 그럴 수가 없었다. 타인의 문화를 존중하는 나였으므로 반감 같은 것은 전혀 없었지만, 이렇게 아무 준비도 없이 너무도 가까이에서 갑작스럽게 마주치니 당혹스러웠다. 그런데 바게트를 들고 있는 할머니는 아무렇지도 않게 그 앞을 지나치는 게 아닌가. 나는 몽롱한 정신을 깨우려 잠깐 머리를 흔들었다.

도대체 이 동네의 정체가 뭐야? 술이 덜 깬 건지 마법에 걸린 건지 알 수가

없었다. 다시 머리를 흔들고 주변을 둘러보니 골목길을 따라 갖가지 가게들이 쭉 늘어서 있었다. 동성애자를 상징하는 스티커를 덕지덕지 붙인 가게도 있었고, 쇠사슬이나 가죽 제품으로 만든 기이한 섹스 용품을 전시해놓은 상점도 있었다. 다른 골목으로 접어드니 아프리카 물건만 파는 가게, 전 세계의 음반을 취급하는 가게, 세상의 모든 악기가 모여 있는 가게 등 나름대로 전문성을 띤 상점들이 죽 늘어서 있었다.

마레의 가게들은 우리가 흔히 가게 하면 떠오르는 그런 이미지의 상점이 아니었다. 하나같이 자기만의 독특한 색깔로 매력을 뿜어내고 있었다. 골목을 걸으며 가게와 상점을 들여다볼 때마다 마법에 걸려드는 것 같은 묘한 기분이 들었다. 자유의 여신상을 사라지게 했던 세계 최고의 마술사 데이비드 카퍼 필드도 마레는 만들지 못했을 것이다.

얼마나 깊이 빠져들었는지 마레의 상점들을 구경하느라 시간 가는 줄 몰랐다. 갤러리, 박물관, 멀티 숍, 디자이너 숍, 패션 전문 서점, 각종 음반 가게 등 다양하고 재미있는 상점들이 골목을 풍성하게 꾸며주고 있었다. 마레의 골목에서 묘미를 발견할 때마다 우리의 동공 또한 거침없이 확장되었다.

마레는 늪이라는 뜻이다. 역시 이름에 맞춰 분위기도 따라가나 보다. 사람들이 마레의 늪에서 헤어 나오지 못한 나른한 표정을 짓고 있었다. 그러는 사이에도 사람들은 독성이 강한 마레의 늪을 즐기려고 계속 골목으로 모여들고 있었다. 몇 시간 전, 우리가 그랬던 것처럼.

피카소에게 시비 걸기

You win!

마레 지구는 유대인이 가장 많이 거주하는 곳이다. 고난의 역사를 가지고 있는 유대인들은 다른 유럽 국가보다 차별이 적은 파리로 집단이주를 하면서, 이곳에 모여 살게 되었다. 뼛속 깊이 체험한 억압의 경험은 그들에게 자유가 목숨만큼이나 소중하다는 교훈을 주었다. 그래서 마레 지구는 다른 어느 지역보다 훨씬 자유롭고 분방하다. 자유의 도시 파리에서도 가장 자유로운 곳, 그곳이 마레이다. 파리에서 유명한 게이 클럽들이 대부분 이곳에 몰려 있다. 사회의 편견에서 벗어나기를 꿈꾸며 마레로 모여든 유대인처럼, 사회적 소수자인 게이들도 자유를 찾아 마레 지구에 터전을 만들었을 것이다.

그러나 마레의 분위기와 달리 대부분의 유대인들은 전통 의상을 입고 전통적인 생활 방식을 고수하는 아이러니한 모습을 보여주고 있다. 전통에 대한 지나친 고집 같아 한편으로는 답답해 보이기도 하지만, 그로 말미암아 만들어지는 문화의 다양성은 마레가 오늘날 파리 최고의 자유 지대로 발전하는데 일정한 기여를 했을 것이다.

패션·섹스 숍·게이·유대인. 이 단어들은 마레 지구를 꾸며주는 말이다. 여기에 하나를 더 보태면 마레를 거의 완벽하게 표현했다고 할 수 있다. 갤러리이다. 원래 마레 지구는 저택들이 죽 늘어선 부촌이었다. 지금은 그 저택들이 패션숍과 카페, 박물관, 갤러리로 변신했다. 마레에는 파리를 대표하는 미술관뿐만 아니라 전시 주제와 외양에서 자신만의 개성을 뽐내는 독특하고 재미있는 갤러리들이 즐비하다. 마레의 예술을 제대로 감상하려면 넉넉한 시간과 튼튼한 두 발이 반드시 필요하다.

파리에는 'museum pass' 카드라는 것이 있다. 이 카드를 구입하면 카드가 지정한 미술관을 모두 공짜로 관람할 수 있다. 우리는 종종 이 카드를

Museum pass 카드. 이것을 구입하면 카드가 지정한 미술관을 무료로 관람할 수 있다. 우리는 이 카드를 하나 사서 교대로 미술관에 들어가 작품을 관람했다. 가난한 여행자의 찌질하지만 아주 효율적인 예술 감상법이었다.

내 안으로 들어온 파리

피카소 미술관. 소장품이 무려 3천여 점이다. 피카소 작품을 세계에서 가장 많이 소장한 곳이다.

하나 사서 교대로 미술관에 들어가 작품을 관람했다. Lee가 먼저 미술관에 들어가고, 나는 Lee가 나올 때까지 밖에서 기다렸다가, Lee가 나오면 내가 다시 카드를 들고 미술관에 들어가는, 가난한 여행자의 찌질한 예술 감상법이었다. 퐁피두센터나 피카소 미술관을 이런 방법으로 이용했다.

그 유명한 퐁피두센터는 마레 지구 근처에 있고, 피카소 미술관은 마레에 있다. 피카소 미술관은 피카소의 작품을 세상에서 가장 많이 소장한 곳이다. 회화 200여 점과 158점의 조각, 3천여 점의 판화와 소묘를 소장하고 있다. 피카소 미술관을 가기 전까지 우리는 피카소에 대해 의심하고 있었다. 예술가가 부유해서는 안 될 이유는 없었지만, 한때는 공산당 당원이었으면서도 저택을 가지고 있었고 1940년대에 이미 자가용을 몰았다는 사실이 조금은 못마땅했다. 그리고 피카소는 눈치가 빨라서 다른 예술 작품에서 새로운 영감을 얻어 자기 작품에 반영했다는 소문도 들은 터였다. 그것이 꼭 나쁜 것은 아니지만 피카소 같은 대가가 약삭빠른 사람이었다는 게 탐탁지 않았던 게 사실이었다. 하지만 우리는 피카소 미술관을 다녀오고 나서 곧 생각을 바꿨다.

봄이 무르익을 무렵이었다. 우리는 파리에 와서 처음으로 피카소 미술관을 찾았다. 우리의 작품 감상법에 따라 미술관 패스 카드를 들고 Lee가 먼저 들어갔다. 그러나 한참이 지나도 Lee는 나오지 않았다. 기다림에 지치자 짜증이 머리끝까지 올라오기 시작했다. 폭발하기 직전 Lee가 멍한 표정으로 미술관을 나왔다. 나는 왜 이렇게 늦게 나오느냐고 투덜거리며 짜증을 부렸다. 그런데 Lee는 나의 짜증 따위는 안중에도 없는 듯했다. 그러더니 '들어가'라고 한 마디 툭 던지고는 멍하니 하늘만 바라보았다. 한참 후, 나 또한 해머로 머리를 한 대 맞은 것처럼 멍한 표정으로 미술관을 나왔다. 우리는 거의 동시에 똑같은 말을 내뱉었다.

"천재였어!"

굳이 아름다운 표현과 수식어를 사용해 글로 쓰지는 않겠다. 그에게 '눈치 빠른' 혹은 '약은'이라는 불손한 수식을 붙였던 것을 우리는 모두 취소했다. '눈치'가 아니었다. 그의 천재적인 창조성이었다. 그만의 위대하고 독자적인 예술이었다. 그냥 마음을 열고 피카소의 그림을 보고 있으면 피카소의 외침이 가슴 속으로 들어왔다. 마치 사랑처럼.

"위대한 화가는 그만의 미술사를 가지고 있다."

프랑스의 어떤 철학자가 한 말이라고 한다. 나는 그 철학자의 말에 전적으로 동의한다. 피카소야말로 그 철학자의 웅변 같은 진술에 정확히 들어맞

내 안으로 들어온 파리

마레 지구 지도. 마레는 예술, 패션, 유대인 문화, 동성애는 물론 유럽 비주류 국가들의 예술까지 품은 용광로이자 문화의 늪이다. 실제로 마레는 늪이라는 뜻이다.

는 작가라고 나는 몇 번이고 고개를 끄덕였다. 머리로 생각할 필요도 없었다. 그의 그림 앞에 서는 순간, 피카소의 육성이, 그의 영혼이 나를 흔들고 있었다. 정말이지 예술은 위대했다. 그는 옳았고, 우리는 틀렸다. 그는 예술에 집중했으나 우리는 그의 주변을 먼저 보았다. 그는 천재였고, 우리는 멍청이였다. 나는 미술관을 나오며 피카소 미술관을 향해 엄지손가락을 추어올렸다. 그리고는 마음속으로 이렇게 말했다.

"You win!"

마레, 문화의 용광로

스위스 문화원과 스웨덴 문화원은 마레의 미술관들 가운데 우리가 가장 좋아하는 곳이다. 나는 난생처음 스위스와 스웨덴 미술을 보았다. 내가 한국에서 미술사를 공부하거나 전시를 보아도 감상할 수 있는 작품은 언제나 거기서 거기였다. 그것이 근대 미술이든 현대 미술이든 말이다. 프랑스, 영국, 미국, 독일 따위를 제외하면 제3국의 미술은 구글에서 검색하지 않는 이상 접하기가 어려웠다. 한국의 미대생 처지에서 선진적이기에 배워야 할 미술은 소위 잘나가는 미국이나 유럽 몇 개국의 미술이 대부분이었다. 제3국의 미술이 질적으로 떨어진다거나 미학적으로 빈약하다고 느낀 적은 없었으나, 어쨌든 우리의 선택권은 그다지 많지 않았다. 아마도 자본과 경제 논리가 그렇게 만들었을 것이다. 미국과 유럽의 주류 국가가 세계 영화시장의 85%를 차지하는 것과 같은 이치라고 보면 크게 틀리지 않을 것이다. 그것이 미술이든 영화든 자본주의사회에서 문화 다양성을 지켜내기란 이다지도 어려운 것일까? 여기서도 문제는 또 자본이고 욕망이란 말인가?

오르세와 퐁피두 같은 대형 미술관을 관람하느라 심신이 지칠 무렵 마치 부티크 호텔 같은 스웨덴 문화원을 발견했다. 뜻밖의 문화원을 보자 다시 생기가 돌았다. 우리는 유쾌한 기분으로 스웨덴의 고미술과 현대 미술을 마음껏 감상했다. 이것이다, 라고 정확히 설명할 수는 없지만 서유럽 주류 국가의 미술과는 같은 듯 다른 독특한 상상력을 몸으로 느낄 수 있었다.

스위스 문화원은 스웨덴 문화원에서 걸어서 5분 정도 거리에 있다. 가까운 곳에 있으니 찾기 쉬울 것 같지만, 작은 골목 안에 있어서 생각만큼 쉽지는 않다. 커다란 검은색 문에 흰색으로 큼지막하게 X자가 적혀 있는 곳이 스위스 문화원이다. 접근하기가 불편해서 그런지 일반 관광객보다는 스위스 미술을 즐기러 온 미술 학도들이 많았다. 전통적인 평면 예술부터 위트와 재미가 돋보이는 설치 미술까지, 서유럽은 물론 북유럽과도 다른 상상력과 감수성이 묻어나는 스위스 미술을 보면서, '다름과 차이'를 생각했다. 프랑스도 스웨덴도 아닌, 스위스를 품은 스위스 예술이 파리의 마레에 있었다.

두 나라의 문화원을 보고 나자 마레의 표정이 더 풍부해 보였다. 자유와 예술, 소수자 문화는 물론 유럽 비주류 국가들의 미학까지 품은 마레. 나는 이 문화의 용광로가 마음에 들었다. 마레 지구를 빠져나오는데 가슴 밑바닥에서 무언가가 뭉클하게 올라왔다. 즐거움과 흥분감, 부러움과 질투심, 슬픔과 서러움이 뒤섞인 해석하기 어려운 이 기분은 무엇이지? 아, 우리는 왜 저런 문화 해방구 하나 갖지 못하는 것인가?

축!
불법 체류자의
탄생

그들은 왜 파리로 갔을까
세번째 이야기

우연과 필연 사이에서

인도에서 만난 네덜란드 친구들

여행이라는 것은 참으로 요상한 것이다. 각자 의미를 부여하며 먼 길을 떠나지만 특이하게도 여행자들은 하나의 공통점을 가지고 있다. 세상에 대해 마음을 열고 있다는 것이다. 그래서 나라, 인종, 나이, 성별, 직업, 학력을 뛰어넘어 자유롭게 교감하고 소통할 수가 있다. 여행지에서는 만남이 그렇듯이 헤어짐도 쿨하다. 설령 깊은 교감을 나누었다 하더라도 열린 마음으로 만났듯이 이별 또한 열린 마음으로 받아들이게 된다.

우리도 여행지에서 수없이 많은 사람을 만났다. 그중에서도 네덜란드 청년 우타와 이란메트는 아주 특별한 친구들이었다. 2005년 여름 인도와 네팔 사이에 있는 국경에서 그들을 처음 만났다.

Lee와 나는 네팔 여행을 마치고 카트만두에서 인도행 버스를 탔다. 새벽에 출발해 비포장도로를, 그것도 꼬불꼬불한 산길을 열 시간이나 내려왔다. 나는 딱딱한 나무의자에 앉아 고산지대의 모든 것을 경험했다. 굽이마다 나타나는 아찔한 낭떠러지, 사람을 압도하는 산맥들, 체력과 인내력의 한

축! 불법 체류자의 탄생

계를 시험하듯 끊임없이 흔들거리는 버스, 엉덩이 살점이 떨어져 나갈 것 같은 고통, 누구에게 실컷 얻어맞은 것처럼 아프고 쑤시는 육신, 멀미에서 오는 구토와 견딜 수 없는 어지럼증……. 지금 생각해도 그 버스는 다시는 타고 싶지 않다.

늦은 오후가 다 되어서야 우리는 인도의 평지 소나울리에 발을 내디딜 수 있었다. 드디어 평평한 땅이구나. 아직도 온몸이 붕 뜬 것 같은 기분이었지만, 두 발이 평평한 땅을 딛고 있다는 사실이 너무 고맙고 그 순간이 절실하게 소중했다. 기쁨에 취해 주변을 둘러보았다. 백인 청년 둘이 정신 나간 것처럼 길바닥에 대(大)자로 뻗은 모습이 눈에 들어왔다. 누워있는 데도 키가 얼마나 크든지 족히 2미터는 되어 보였다. 이란메트와 우타였다. 이란메트는 영화배우 '주드 로'를 닮은 뛰어난 외모에 청바지가 잘 어울리는 늘씬한 청년이었고, 우타는 긴 금발의 턱수염에 유난히 파란색 눈을 가진 덩치가 산만한 녀석이었다. 물어보지 않았지만 우리와 같은 버스를 타고 온 여행자들임이 틀림없었다.

Lee와 나는 고통에서 해방된 기분을 자축하려고 담배를 꺼냈다. 세상을 다 가진 기분으로 깊숙이 한 모금을 빠는 순간, 그들의 눈길을 느꼈다. 그들은 간절한 눈빛으로 담배를 바라보고 있었다. 그들에게 다가가 담배를 권했다. 거구의 유럽 청년들은 사막에서 오아시스를 발견한 것처럼 해맑은 미소를 지으며 담배를 받아들었다.

"땡큐!"

"어디서 왔니?"

"홀란드."

홀란드라니? 처음 들어보는 나라였다. 그러나 무식이 용기라고 우리는 아는 척하면서 큰소리를 쳤다.

"아! 폴란드? 독일 옆에 있는 나라?"

그들은 서로 쳐다보고서는 피식 웃음을 지었다. 그들은 우리가 발음 때문에 이해를 못 하는 줄 알고 홀~랜~드를 아주 천천히 발음해주었다. 그러자 우리는 이제야 알았다는 듯 또 한 번 크게 대답을 했다.

"아~! 핀란드! 휘바! 휘바?"

유럽 청년들은 답답했는지 우리에게 론리 플래닛의 지도를 꺼내 그들의 나라를 정확히 손가락으로 집어 보이며 알려주었다. 그곳에는 'Netherlands'라고 적혀 있었다. 그때야 우리는 '아~! 네덜란드!'를 외쳤고 그들도 그때야 'yes! Netherlands!'라고 말하고서 미소를 지었다.

우리는 또 만날 수 있을까?

우리는 서로 여행 경로에 대해 몇 가지 이야기를 나누고는 곧 동행이 되어 인도의 내륙으로 들어가기 위해 버스터미널로 향했다. 그러나 그들의 큰 키가 만들어낸 속도를 도저히 따라잡을 수 없었다. 걷다 보면 어느새 우리는 그들에게서 멀리 떨어져 있었는데, 거구의 유럽 청년들은 우리를 계속해서 기다려 주었다. Lee와 나는 그들의 친절을 담배의 힘이라고 생각했다.

한참을 걸어 버스터미널에 도착했다. 말이 터미널이지 그곳은 표시판도 없이 먼지만 고요히 날리는 들판이었다. 황량했다. 한 나라의 국경 도시에 있는 버스터미널이라고 하기엔 너무 초라했다. 보이는 것이라곤 곧 폐차될 것 같은 작은 버스 두 대가 전부였다. 그러나 어쩌겠는가? 우리는 굴러갈

축! 불법 체류자의 탄생

인도 여행을 하다가 만난 네덜란드 친구 우타와 이란메트. 우리의 만남은 우연과 필연 사이를 넘나들며 인도에서 네덜란드까지 이어졌다.

것 같지도 않은 버스가 있는 곳으로 걸어갔다. 그때, 어디서 나타났는지 갑자기 50명이 넘는 인도인들이 한꺼번에 달려들었다. 우리의 티켓에는 분명히 좌석 번호가 적혀 있었지만, 그 좌석에 우리가 앉을 수 있다면 그곳은 인도가 아니었다. 우리는 이번 인도 여행이 두 번째라 이런 분위기에 친숙했지만 초행인 우타와 이란메트는 이 황당한 분위기를 이해할 수 없다는 표정을 지었다. 우리는 어떻게든 좌석을 차지하기 위해 버스로 달려들었다. 우리가 버스에 오른 뒤에도 계속해서 사람들이 올라탔다.

해는 어둠 속으로 점점 얼굴을 숨기고 있었다. 해가 지자 칠흑 같은 어둠이 버스 안으로 스며들었다. 어둠이 너무 짙어 얼마나 많은 사람이 버스에 올라탔는지 확인할 수 없었다. 심지어 옆에 있는 사람도 알아볼 수 없었다. 단지 거친 숨소리만으로 상상 이상의 사람들이 탔다는 것을 알 수 있었다. 버스는 요란한 엔진 소리를 내며 어둠 속을 달렸다. 가끔 보이는 가로등 불빛으로 이란메트를 잠깐잠깐 볼 수 있었는데, 그의 구릎 위에는 어떤 할아버지가 앉아서 아주 피곤한 모습으로 졸고 있었다. 4시간의 사투 끝에 우리는 인도 내륙 도시 고락푸르에 도착했다.

우리는 함께 저녁 식사를 한 뒤 연락처를 주고받고는 또 보자는 의례적인 인사를 하고 헤어졌다. 그때까지만 해도 그 넓은 인도에서 그들을 다시 만날 것이라고는 상상도 하지 않았다. 그런데 사람의 일은 알 수가 없었다. 우리는 인도 중부의 작은 도시 카주라호의 게스트 하우스에서 거짓말처럼 네덜란드 친구들을 다시 만났다. 재미있는 것은 Lee가 전날 밤 꿈에 그들을 만났다고 이야기하고 있는 도중에, 갑자기 그들이 우리 앞에 나타났다는 것이다. 그들은 우리보다 먼저 도착해 바로 옆방에 머물고 있었다. 그게 끝이 아니었다. 며칠 뒤 우리는 카주라호에서 멀리 떨어져 있는 동부 도시 푸시카르를 여행하다가, 시내의 한 레스토랑에서 우타와 이란메트를 다시 만났다. 이렇게 자꾸 만나자 우연을 시험해보고 싶은 욕심이 생겼다. 우리는 다음 목적지에 대해서 서로 말하지 않기로 했다. 우리는 또 만날 수 있을까?

뭐 이런 나라가 다 있어?

우리는 파리에 도착하자마자 한국의 부모님에게 전화를 드렸다. 그다음으

축! 불법 체류자의 탄생

로 로테르담에 있는 이란메트에게 전화를 걸었다. 그들은 우리를 기억하고 있을까? 우리가 진짜로 유럽에 있다는 걸 알게 되면 어떤 반응을 보일까? 그들에게 연락이 되기는 할까? 이런저런 궁금증을 가지고 전화를 걸었다. 지난해 우리는 인도에서 더는 만나지 못했다. 세 번의 만남은 우연이었던 셈이다. 그러나 만약 이번에 연락이 된다면 나는 우리의 만남은 필연이라고 생각하기로 했다. 수화기에서 반가운 이란메트의 목소리가 들렸다. 필연! 물론 의도적인 필연이었지만 우리는 기뻤다.

파리에 머물다 집이 그리울 때면, 우리는 네덜란드에 있는 그들의 집을 찾았다. 프랑스에 살면서 유럽의 다른 나라를 여행하고 싶었지만 주머니 사정이 빠듯해 그렇게 하지 못했다. 네덜란드를 제외하면 독일을 잠깐 다녀온 게 다였다. 네덜란드를 방문하는 것은 우리에게 여행이 아니라 또 하나의 고향을 찾는 것이었다. 친구가 사는 로테르담은, 그리고 우타와 이란메트의 집은 외국 생활에 지친 우리의 영혼을 위로해주는 안식처였다.

우리는 네덜란드에 대해 파리만큼이나 큰 환상을 가지고 있었다. 풍차, 판고흐, 히딩크, 오렌지 군단 등 우리에게 익숙한 것들을 떠올리며 네덜란드를 상상했다. 게다가 인류 사회의 이상적인 미래를 앞서 보여주는 나라가 아니던가. 안락사와 동성 결혼, 모계 성 따르기가 법적으로 보장된 나라가 네덜란드 아니던가. 아주 먼 나라의 이야기처럼 들리기도 했지만, 한편으론 이런 일이 지구 위에서 실제로 일어나고 있다니 우리도 곧 그렇게 될 수 있으리라는 희망을 종종 품기도 했다.

여기까지는 내가 뉴스에서 그리고 사람들에게 얻어들은 것들이었다. 하지만 직접 네덜란드의 모습을 보았을 때, 그것은 파리에서 받은 인상보다 훨

암스테르담의 홍등가. 흔히 홍등가, 하면 어두운 뒷골목을 연상하지만, 이곳에서는 일상적인 거리처럼 암스테르담에 자연스럽게 녹아 들어가 있었다. 안락사와 동성 결혼, 모계 성 따르기가 법적으로 보장된 나라다웠다.

축! 불법 체류자의 탄생

씬 충격이었다. 한 예로, 네덜란드의 지표면이 해수면보다 낮다는 사실을 모르는 지구인은 없다. 그러나 두 눈으로 이 사실을 확인하고 나자 이 척박한 환경 속에서 어떻게 사람이 살아남았는지 아찔한 느낌이 들었다. 게다가 암스테르담에서는 성매매가 합법적으로 이루어지고 있었다. 도시의 후미진 곳에서 뇌쇄적인 눈빛으로 호객행위를 하는 게 아니라 공개된 거리에서, 마치 편의점에서 물건을 사고팔듯 아주 자연스럽게 성매매가 이루어지고 있었다. 섹스 숍 거리를 통행하는 사람들 또한 그냥 평범한 시민이나 관광객들이었다. 팔짱을 낀 연인들, 유모차를 끄는 주부도 산책하듯 그 앞을 지나다녔다. 성매매뿐 아니라 마리화나도 합법이었다. 뭐 이런 나라가 다 있어? 나는 내가 진보적이라고 생각하고 있었다. 그런데 네덜란드에 와서 보니 진정 그런 것인지 헷갈리기 시작했다.

암스테르담과 로테르담 그리고 델프 같은 도시를 여행하면서, 또 네덜란드 친구들을 만나면서, 오늘의 네덜란드를 만든 건 그 흔한 이념이 아니라는 생각이 들었다. 사회주의도 자본주의도 아니었다. 미래 사회를 보여준다는 네덜란드를 만든 것은, 내가 보기에 그것은 개인주의였다. 개인의 자유와 행복을 최대한 보장하려는 태도와 정책, 그리고 세대를 뛰어넘는 공감대가 놀라운 네덜란드를 창조했다는 생각이 들었다. 그렇다면, 개인주의는 진보적인가. 그럼 나는 개인주의를 찬양해야 하는가. 내가 자꾸 나에게 물었다.

봉주르, 영자

너희 외톨이지?

파리에 온 지 4개월이 흘렀다. 그동안 한국 사람을 만난 적이 거의 없었다. 일부러 한국 사람을 피해서 그런 게 아니다. 피하기는커녕 일부러 만나려고 해도 생각만큼 쉬운 일이 아니었다. 우리가 어학연수를 하는 것도 아니고 유학을 온 것은 더욱 아니고 그렇다고 관광을 온 것도 아니므로, 좋게 말하면 다목적이고 솔직히 말하면 정체성 없는 체류자인 까닭에 한국 사람을 만날 기회가 더 없었던 모양이다. 음식 재료를 사러 몇 번 갔던 한국 음식점에서 유학생 몇 명을 만난 게 전부라고 해도 과언이 아니었다. 그러다 보니 닭똥집에 소주를 마시던 한국의 친구들이 그리웠다. 사실 우리에게는 폼 나는 와인보다 화학주가 더 어울렸다. 파리에서는 그 화학주가 만원이 넘는 고가의 술이었기에 마실 엄두도 내지 못했지만 말이다.

우리는 대부분 집 근처의 선술집 따바에서 동네 사람들과 커피 한 잔 혹은 맥주 몇 모금 마시며 하루를 마감했다. 젊은 동양인 남녀가 동네 주민들 틈에 끼어 천연덕스럽게 맥주를 마시고 있으면, 가끔 따바의 주인아저씨가

축! 불법 체류자의 탄생

농담을 걸어왔다. 테제베보다 빠른 그의 불어 때문에 대충 이해할 수밖에 없었지만 대충 이런 식으로 우리를 놀렸다.

"Moon. 그리고 Lee. 너흰 한국인 친구가 없어? 너희 외톨이지?"

우리는 "아니요!"라고 버럭 화를 내며 말하고 싶었지만, 그것이 사실이었기에 그저 바보처럼 웃기만 했다. 그러면 그는 우리 마음이라도 읽은 것처럼 웃는 얼굴로 매일 공짜 술을 한 잔씩 권했다. 그러던 어느 날, 아저씨가 여느 때처럼 술을 한 잔 내놓으며 뜬금없이 말했다.

"Moon! 내가 용이라는 한국 사람을 알고 있어. 이 동네에 살고 있거든."

"아, 그래요."

"내가 소개 시켜 줄게. 이제 곧 올 거야."

잠시 망설였다. 이상하게 파리에서 만난 한국 학생들은 우리를 그렇게 반기지 않는 분위기였다. 마치 우리가 그들의 공부를 방해할지도 모른다는 듯한 태도였다. 그런 일이 있은 후로 우리는 약간 상처를 입었다. 우리는 썩 내키지 않았고 따라서 큰 기대도 하지 않았지만 따바 아저씨의 성의를 생각해서 그냥 한 번 만나보기로 했다. 그런데 밤이 깊어도 용이라는 사람은 오지 않았고, 우리도 내일을 위해 집으로 돌아가야 했기에 자리에서 일어섰다. 그날따라 아저씨는 가게 밖까지 따라나오며 우리를 붙잡았다.

"Moon. 조금만 더 있다가 가. 용이 올 거라고."

"아……. 담에 뵙죠. 뭐."

그때 갑자기 그가 환한 얼굴로 말했다.

"아! 저기 용 온다."

저 멀리서 한 가족이 걸어오는 게 보였다. 처음에는 잘 보이지 않는데,

자세히 보니 금발의 백인 남자가 유모차를 끌고 있었고, 까무잡잡하고 키가 작은 아시아계 아주머니가 당당하게 걸어오고 있었다. 얼핏 느낀 인상만으로도 그녀는 입체감 없는 평면적인 얼굴에 눈이 작은 한국인이었다. 남자일 거로 생각했는데 뜻밖에도 용은 여자였고, 게다가 아주머니였다. 따바 아저씨는 흥분한 목소리로 우리에게 용을 소개해 주었다.

"안녕하세요?"

"어디서 왔니?"

뭐야, 이거? 아무리 나이가 많다고 해도 그렇지. 처음부터 반말이야! 불쾌했다. 파리 교민이라고 우리를 무시하는 거야? 역시 만나는 게 아니었어.

"한국이요."

"당연히 한국에서 왔지. 한국 어디서 왔느냐고?"

나는 작은 소리로 약간 무뚝뚝하게 대답했다.

"제주도요."

갑자기 용의 눈이 휘둥그레졌다. 뭐라고 말을 하고 싶은데 입이 안 떨어지는 모양이었다.

"혹시, 고시열?"

"어! 혹시?"

세상에 이런 일이!

갑자기, 믿을 수 없는 상황이 벌어졌다. 머리카락이 쭈뼛쭈뼛 서는 것 같았다. '고시열'은 이모의 이름이었다. 파리로 떠날 준비를 하고 있을 때 이모는 전화번호를 하나 주셨다. 고등학교 때부터 정말 친했던 친구가 파리에

축! 불법 체류자의 탄생

제주도 출신 프랑스인 영자와 그녀의 요리사 남편 다비드, 그리고 딸
디안느. 영자는 문신기 이모의 친구이다. 그녀는 25년째 파리에 살고 있다.

살고 있다면서 급한 일이 생기면 그녀에게 전화하라는 것이었다. 파리에
도착한 후 집을 구할 때 보증인이 필요하다기에 한 번 전화해볼까 생각한
적이 있었다. 하지만 한 번도 본 적이 없는 사람에게 괜히 폐를 끼치는 것
같아 연락하지 않았다. 그 뒤로 맨땅에 헤딩하는 방식으로 살다 보니 그 전
화번호를 가지고 있다는 사실조차도 까맣게 잊고 있었다. 그 전화번호의
주인공이 바로 용이었다. 우리는 마치 아주 오래전부터 알고 있던 사람처
럼 서로 부둥켜안았다. 그동안 파리에서 고생했던 일들이 주마등처럼 스쳐
지나갔다. 오랜만에, 그것도 예상치 못한 상황에서 가족을 만난 기분이 들
어, 괜히 서럽고 눈물이 나올 것만 같았다.
따바 아저씨가 우리를 신기하게 바라보았다. 용은 따바 아저씨에게 자초지

우리 동네 지도. 뤽상부르 공원과 봉마쉐 백화점 사이에 있다. 우리의 다락방, 단골 따바, 영자네, 우리가
첫 외식을 한 레스토랑 마리테가 쉐쉐미디 거리 이쪽과 저쪽에 몰려있다.

축! 불법 체류자의 탄생

종을 설명했다. 그러자 흥분한 따바 아저씨는 카페로 뛰어들어가 손님들에게 우리의 이야기를 전했다. 알고 보니 용은 따바의 단골손님이었고, 그 가게에 있던 손님들과는 이미 친구 사이였다. 손님들은 우리를 향하여 술잔을 높이 들었고, 그 중 한 명이 나와 이렇게 외쳤다.

"건배! 세계는 작고 우린 하나다!"

그날 밤 따바 사람들은 이 믿기지 않는 만남을 위해 파티를 열어주었다.

그녀의 이름은 용이 아니라 영자였다. 따바 아저씨가 '영' 발음을 하지 못해 '용'이라고 부르면서 그녀는 따바에서 용이 되었다.

25년 전, 그녀는 달랑 가방 하나와 돈 몇 푼을 손에 쥐고 파리로 날아왔다. 온갖 고생 다 이겨내고 이곳에서 자리를 잡은 의지의 한국인, 그게 용이었다. 재미있는 것은 우리와 마찬가지로 그녀 역시 파리에 대한 로망 하나만 가지고 이곳에 왔다는 것이다. 이제는 결혼해서 파리에 눌러앉았지만, 불어 한마디 못하는 그녀가 혈혈단신 파리로 날아들어 살았다는, 아니 살아냈다는 생각을 하면……, 가슴이 먹먹해졌다. 그녀는 로망을 꿈꾸며 파리로 왔지만 지난 25년 삶이 파리를 꿈꾸는 이들의 바로 그 로망이라고 말할 수는 없다. 듣지 않아도 안다. 얼마나 처절한 삶을 살아야 했는지.

그녀에게는 아주 사랑스러운 가족이 있다. 요리사 남편 다비드와 천사 같은 딸 디안느, 그리고 용과 전남편 사이에서 낳은 멋진 청소년 빌리. 그녀의 영화 같은 파리 스토리는 소설로 써도 모자랄 것이다. 혼자 견뎌낸 긴긴 세월의 타국 생활을 어찌 몇 마디 필설로 풀 수 있겠는가? 그래도 줄여야 한다면……, 그녀는 외로웠고, 외로운 만큼 삶은 치열했다. 그 치열함으로 25년을 살았고, 그리고 이제는 아주 많이 행복해 보였다.

파리에서의 가족 파티

파리 청소년 빌리의 꿈

따바 렝스탄트 프헤정(L'instant present)에서 용을 만난 이후 우리는 제법 많은 시간을 함께 보냈다. 가끔 다비드의 개인주의 때문에 우리와 충돌하기도 했지만, 한국인이 수적으로 우월했기 때문에 바다 같은 아량으로 이해해 주었다. 우리의 고달픈 생활을 알아본 그녀의 가족은 간혹 우리에게 팡테옹이 한눈에 들어오는 그들의 멋진 집으로 초대하여 맛있는 요리를 해주었다. 그녀의 아들 빌리는 고등학교에 다니는 과묵한 청소년이었는데 집에선 언제나 책을 읽거나 음악을 들었다. 우리는 빌리가 공부하는 모습을 거의 보지 못했다. 그는 한동안 학교에도 가지 않았다. 그 대신 학교에서 지정해준 실습 장소인 부동산 사무실에 나가 일을 했다. 그런데 그의 꿈은 엉뚱하게도 국제 변호사나 저널리스트가 되는 것이었다. 나의 머리로는 이해가 되지 않았다. 그의 말로는 당장 대학에 진학하는 것보다는 사회에서 다양한 경험을 쌓는 게 더 중요하다고 했다. 그래서 대학 진학 문제는 천천히 생각하기로 하고, 오전에만 부동산 사무실에 나가 실습을 하고 오후에는 책을

161

읽거나 영화를 보거나 전시회를 보면서 자신의 진로에 대해 생각하고 있다고 했다. 천하태평인 그를 보면서 팔자 한 번 좋다는 생각을 했다.

빌리를 보면서 '그래서 대학이나 가겠어? 그리고 취업은?' 등등의 얕은 생각이 먼저 들었다. 하지만, 그것도 순간이었다. 바칼로레아(한국으로 치면 수학능력시험)의 문제를 본 뒤 나는 심한 혼란을 느끼기 시작했다.

질문 1-우리가 하는 말에는 우리 자신이 의식하고 있는 것만 담기는가?
질문 2-철학이 세상을 바꿀 수 있는가?
질문 3-문화의 가치를 객관적으로 판단할 수 있는가?

이 문제들은 이분법적인 사고에 길든 나의 뒤통수를 내리쳤다. 같은 시대를 살아가는데 프랑스의 청소년과 바다 건너 한국의 청소년은 왜 이렇게 다른 삶을 살아야 하는가? 책 읽고 영화 보고 전시회 다니는 프랑스 학생과 늦은 밤까지 영어 학원과 수학 과외에 시달려야 하는 한국 학생들. 도대체 누가 제대로 사는 것인가? 도대체 무엇이 진짜 교육인가? 가슴이 답답해졌다.

한국에서 6학년짜리 초등학생을 만난 적이 있다. 그는 주말도 없이 하루 여섯 개의 학원에 다니며 새벽 1시까지 공부에 시달리고 있었다. 그는 언제나 쉬고 싶다는 말을 입에 달고 다녔다. 그의 꿈은 지질학자지만 어머니가 돈을 못 번다는 이유로 장래 희망을 의사로 바꿔주었다고 했다. 열세 살 소년에게 인생의 선택권은 없었다. 그의 머릿속엔 좋은 대학에 입학하면 오아시스가 펼쳐질 거라는, 어른들이 만들어 놓은 아주 단순한 프로그램만 입력되

어 있었다. 어른들의 폭력 앞에 그 소년의 풍부했을 감수성은 이미 다 말라
버렸을지도 모른다. 이 아이의 꿈은, 그리고 인권은 누가 보호해줄 것인가?

아, 톨레랑스!

따바에서 열리는 용의 딸 디안느의 생일 파티에 초대되었다. 한국으로 치
면 돌잔치인 셈이다. 전날 과음한 탓에 우리는 조금 늦게 도착했다. 용의
남편 다비드가 우리를 노려보았다. 다비드는 종종 이런 식으로 우리에게
불만을 표현했다. '왜 약속 시간에 늦느냐?' 혹은 용이 우리의 점심값을
계산하면 '왜 당신이 계산하느냐?' 따위의 불평을 늘어놓았다. 사실 다비
드의 사고와 생활 방식은 다 이해하기는 어려운 구석이 있었다. 사춘기 아
들과 아버지가 밥값을 따로 계산하는 문화를 나는 이해하기 어려웠다. 그
러나 우리는 문화 차이라 생각하고 받아들이기로 했다. 그렇기에 그의 불
평을 그냥 귀여운 투정 정도로 받아들였다. 가끔, 우리는 그를 이해하려고
했는데 다비드는 우리에게 왜 그렇게 불만이 많은지 궁금했다. 프랑스가
자랑하는 톨레랑스는 어디다 버리고 온 건지 모를 일이었다.

우리는 디안느의 생일 선물로 무엇을 살까 한참을 고민했다. 늘 그렇듯이
고민의 끝은 돈이었다. 우리의 능력으로 그럴듯한 선물을 준비하는 게 쉽
지 않았다. 우리는 생각을 바꿔 디안느 가족을 그리기로 했다. 가족사진이
야 많이 있겠지만 가족이 함께 있는 그림은 없을 것 같았다. 용의 가족들
앞에 우리가 그린 그림을 내밀자 생일잔치에 늦었다고 조금 전까지 뚱해
있던 다비드의 얼굴이 금방 환해졌다. 나는 속으로 말했다.
"아주 입이 귀에 걸렸군."

왼쪽) 따바에서의 생일 파티. 햇살이 엄마의 품처럼 따스했던 어느 날, 디안느의 생일파티에 초대를
받았다. 오른쪽) 문신기가 디안느의 생일 선물로 그려준 영자네 가족.

다비드는 어린애처럼 좋아하며 생일잔치에 모인 친척과 친구들에게 자랑하
고 다니며 아주 생난리를 쳤다. 으이구! 나는 다비드의 모습을 보고 귀엽다
고 해야 할지 철없는 프랑스인이라고 놀려야 할지 몰라 그냥 피식 웃었다.
생일잔치에는 꽤 많은 사람이 참석했다. 인종도 가지가지여서 그냥 보기에
도 지구촌 가족이었다. 다비드와 다비드의 엄마, 동생과 그 동생의 아내인
흑인 여자, 이탈리아와 라틴계 사촌들, 그리고 아시아계인 용과 우리 둘,
동네 이웃과 프랑스 친구들……. 다비드의 가족들은 처음엔 그냥 무덤덤하
게 인사를 하고는 자기들끼리 열심히 떠들었다. 그들의 말을 잘 알아들을
수가 없어서 우리는 그냥 열심히 밥만 먹었다. 그때 다비드의 어머니가 우
리 옆자리로 찾아와 말을 건넸다.
"정말 반가워요. 한국에서 온 친구들. 저에게는 동양인 가족이 또 생겼네
요. 행복해요. 이런 게 지구촌 가족 아니겠어요?"

아, 톨레랑스. 나는 속으로 무릎을 쳤다. 나이 지긋한 어른이 어떻게 이처럼 열린 마음을 가질 수 있을까? 나는 그녀에게 감동하고 있었다.

예술이 나의 존재 이유라고 떠들어대던 시절, 어머니는 내게 '그래서 너한테 누가 시집오겠느냐?'라는 말을 푸념처럼 하셨다. 그러면 나는 '안 되면 베트남 여자랑 하면 되지 뭐!'라고 아무 생각 없이 대답하곤 했다. 아! 얼마나 부끄럽고 폭력적인 발언인가? 베트남 여자는 그럼 뭐가 되는가? 지금 생각하면 얼굴이 화끈거려 도저히 얼굴을 들 수가 없다.

십여 년 전부터 우리에게는 '코시안'이라는 새로운 단어가 등장했다. 이 단어 자체로도 우리가 얼마나 편협한 사고로, 그들을 우리의 사회 구성원이 아닌 특별한 집단으로 생각하고 있는지 알 수 있다. 언제나 겉으로는 글로벌 인재, 세계적 기업을 외치지만 그 이면에는 아직도 '다문화 가정'에 대한 편견이 자리를 잡고 있었다. 입으로는 '관용'을 이야기 하지만 우리의 사고와 법, 그리고 일상은 여전히 톨레랑스와는 거리가 먼 게 사실 아닌가. 한국의 현실을 생각하니 갑자기, 우울해진다.

다비드의 불평이 마음에 들지 않았지만 그의 가족을 보며, 또 우리를 가족이라 부르는 그의 어머니를 보며, 나는 공존이라는 말을 떠올렸다. 생일잔치에 모인 사람들은 정말이지 각양각색이었다. 나라와 인종과 종교와 문화가 다른 사람들이 '가족'이라는 이름으로 모여 파티를 하고 있었다. 그 모습이 감동적이었다. 따바에서, 우리는 행복했다.

쉐쉐미드의 선술집 따바가 그립다. 용, 다비드, 빌리, 디안느……. 그들이 보고 싶다.

"파리의 가족 여러분, 사랑해요~."

축! 불법 체류자의 탄생

불법 체류자, 월드컵에 가다

찬란한 5월, 불법 체류자가 되다

'한국인은 체류 기간이 다되었다 해도 여권만 있으면 유럽에서의 체류 기간을 3개월 더 연장할 수 있다.' 우리는 이렇게 알고 있었다. 다만, 제3국을 일주일 정도 다녀와서 다시 입국해야 하는 번거로움은 있었다. 이렇게 하면 형식적으로는 유럽을 다시 방문하는 게 되므로 자연스럽게 3개월을 더 머물 수 있었던 것이다. 우리는 3개월 후에 프랑스에서 가까운 이집트나 모로코를 다녀와서 비자를 연장하고, 3개월 뒤에도 같은 방법으로 연장하여 한 1년쯤 파리에 체류할 계획이었다.

그런데 문제가 생겼다. 유럽 여러 나라가 이라크와 아프가니스탄에 군대를 파병하고 있었다. 더불어 꼭 그 이유 때문만은 아니겠지만, 세계 곳곳에서 테러 사건이 연이어 일어났다. 더욱이 프랑스에서는 아시아의 개발도상국, 그리고 중국의 불법 체류자 문제로 골머리를 앓고 있었다. 프랑스는 불법 체류자의 자녀라 하더라도 프랑스에서 태어나기만 하면 18세까지 무상 교육 혜택을 주고 있다. 이 제도를 이용하려고 관광 비자로 입국했다가 아예 눌러앉는 사례가 부쩍 늘고 있었던 것이다.

아프리카로 여행을 떠나려고 할 즈음, 이런 방법으로 비자를 연장하려는 사람들은 공항에서 입국이 거절된다는 이야기를 들었다. 한 마디로 추방을 당한다는 것이다. 우리는 한국대사관에 전화를 걸었다. 담당자는 우리의 계획을 듣더니 귀찮은 듯 짜증이 섞인 말투로 왜 그런 짓을 하느냐며 한숨을 내쉬었다. 그러다가 나중에는 우리를 달래기 시작했다. 아프리카로 갔다가 다시 입국하는 것은 위험하니 그냥 조용히 지내다가 한국으로 돌아가라는 것이었다.

3개월이 지났다. 그리고 우리는 불법 체류자가 되었다. 봄빛이 찬란한 5월의 어느 날이었다. 우리는 프랑스에 아주 살 생각은 없었다. 단지 합법적으로 프랑스에 더 머물고 싶었을 뿐이다. 그런데도 우리의 의지와는 상관없이 졸지에 불법 체류자 신세가 되어버렸다. 한편으로는 황당하기도 하고 난생처음 겪는 일이라 재미도 있었지만 졸지에 범죄자처럼 지낼 생각을 하니 속으로는 은근히 걱정이 되었다. 왜 우리에게 비자라는 시스템이 필요한지 언뜻 이해가 가지 않았다. 우리가 프랑스의 보안에 문제가 되는 것도 아니고, 더욱이 불법 이민자가 되겠다는 생각은 눈곱만큼도 없었다. 그런데도 3개월이 되었으니 이 나라를 떠나라는 것이다.

불법 체류라는 말 자체가 워낙 부정적인 이미지가 강하고, 우리가 마치 무슨 큰 범죄를 저지른 사람 같은 생각이 들어서, 불법 체류자란 딱지를 얻기보다 한국으로 돌아가는 편이 더 나을 거라는 생각도 했었다. 하지만, 프랑스가 일깨워준 자유와 평등, 박애의 정신을 이곳에서 펼치겠는데, 우리가 무엇을 잘못했다는 것인지 받아들이기 어려웠다. 자기 나라에서 억압받

축! 불법 체류자의 탄생

앉던 수많은 사람이 프랑스로 망명하지 않았던가? 우리가 뭐 대단한 양심수나 민주 투사는 아니지만 자유에의 꿈을 위해 이곳에 왔으니, 이름난 망명자의 처지와 우리의 상황이 기본 맥락은 같다고 생각했다. 남들이 몰라줄 뿐이지 우리도 박애와 자유를 꿈꾸는 청년 예술가이다.

우리는, 우리가 죄를 지은 것도 아닐 뿐더러 자유롭게 그림을 그리면서 조용히 지내다 한국으로 돌아갈 것이 분명했기에, 불법 체류자 신분으로라도 파리에 머물기로 했다. 두렵기도 했지만 이미 엎질러진 물이었다. 이제 이 상황을 즐기는 것만이 우리에게 주어진 최고의 숙제였다.

테러와 불법 체류 문제가 사회적 이슈로 떠오르면서 아시아인에 대한 검문 검색이 강화되었다. 우리는 긴장했다. 지하철에서 불심 검문을 당하는 사람들도 종종 볼 수 있었다. 행동 하나하나가 조심스러웠다. 우리는 관광객이나 유학생처럼 보이려고 한 손에는 카메라를, 다른 한 손에는 공책이나 스케치북을 들고 다녔다. 경찰이 보이면 가능하면 자연스럽게 연기를 하며 그들 앞을 스쳐 지나갔지만, 그 모습이 얼마나 부자연스러웠을까. 지금 생각해보면 절로 웃음이 나온다.

우리는 만약을 대비해 법규를 철저히 지켰다. 갑자기 준법정신이 투철한 사람으로 살아가려니 상당히 어색했다. 담배꽁초는 절대 길거리에 버리지 않고 언제나 쓰레기통을 찾아다녔다. 신호등을 건널 때에도 파란불을 확인하고 건넜다. 빨간불이어도 모두 그냥 길을 건너는데, 우리만 덩그러니 건널목 앞에 서 있는 모습이 바보 같아, 웃음이 나오기도 했다. 그전에는 가끔 무임승차를 했으나 불법 체류자가 된 뒤로는 꼬박꼬박 버스와 지하철 표를 샀다. 우리는 프랑스 사회가 정해놓은 규칙을 아주 잘 지키는 모범 시

뭐가 다르죠? 헤어스타일, 옷차림, 거주지, 하는 일, 만나는 사람……. 모든 게 어제와 똑같은데 파리 체류 3개월이 지나자 세상은 우리에게 불법 체류자라는 불명예 딱지를 붙여주었다.

민이 되어가고 있었다.

작은 규범을 지키는 일이 파리에서는 왜 이렇게 이상하게 느껴지는 것일까? 파리지엔들이 준법정신이 없어서 사회가 만들어놓은 규칙을 어기는 것은 아닐 것이다. 그들은 남에게 피해를 주지 않는 범위에서 합리적으로 행동하는 것이고, 그것이 이미 서로 이해 범위 안에 있기 때문일 것이다. 시간이 흐를수록 유독 법을 잘 지키는 우리의 행동이 우리가 봐도 낯설었다. 게다가 긴장감이 점차 무뎌지면서 우리도 모르게 다시 평소의 생활 습관으로 돌아가고 있었다. 로마에 가면 로마법을 따르라고 하지 않았던가? 빨간 신호등은 더는 우리를 횡단보도 앞에 세워 놓지 못했다. 길을 건너는 기준은 도로에 차가 있느냐 없느냐가 되었다. 버스를 탈 때도 가능하면 돈을 내지 않고 뒷문으로 탔고, 앞문으로 타더라도 그냥 인사만 건네고 재빨리 안으로 들어가 버렸다.

우리는 불법 체류자라는 신분과 관계없이 돈을 덜 쓰면서 파리를 즐길 수 방법을 찾는 데 있어 거의 도의 경지에 다다르고 있었다. 바게트 하나만 있으면, 돈 한 푼 없이 어디든지 갈 수 있었다. 버스를 공짜로 타는데 어딘들 못 가겠는가? 몸매가 꽝임에도 공원에서 옷을 벗고 책을 읽으며 일광욕을 즐겼고, 처음 만난 친구들과 혹은 노숙자들과 센 강에 앉아 맥주를 마시며 큰소리로 논쟁을 벌이기도 했다. 거리의 악사가 연주하고 있으면 그 앞에 눈을 감고 앉아 눈물, 콧물 다 뽑아내며 음악에 취하기도 하고, 공원이나 센 강에서 파리지엔들의 일상을 크로키 하여 그들에게 나누어 주며 마음을 나누기도 했다. 우리는 비록 불법 체류자 신세였지만 온 힘을 다해 살았다. 우리는 점점 파리지엔의 삶으로 더 깊이 들어가고 있었다.

"오지 말 걸, 오지 말 걸"

고민이 하나 생겼다. 옆 나라 독일에서 열리는 월드컵이 문제였다. 평생에 한 번 구경할까 말까 한 축제를 불법 체류자 신세 때문에 눈앞에서 놓치고 싶지 않았다. 포기할 것인가 아니면 국경을 넘을 것인가. 불법 체류자가 되기 전 네덜란드를 몇 번 다녀왔지만 아무런 검문이 없었기에 월드컵도 문제될 것이 없다는 나의 주장과 월드컵 시즌이기 때문에 틀림없이 검문이 강화될 것이므로 이럴 때일수록 더욱 조심해야 한다는 Lee의 주장이 팽팽히 맞섰다. 누구의 생각이 정답인지 알 수는 없었다. 밤잠을 설치며 고민한

불법 체류자, 독일 월드컵에 가다. 어둠이 모든 것을 지배하는 캄캄한 밤, Moon과 Lee는 칠흑 같은
어둠과 프랑스와 독일의 국경을 뚫고, 한국과 토고의 경기가 열리는 프랑크푸르트로 무모하게 진격해
들어갔다.

축! 불법 체류자의 탄생

다고 상황이 달라지는 것도 아니고, 이 기회를 놓치면 두고두고 후회할 것 같아 아주 단순하게 결론을 내렸다. 우리는 도박을 선택했다. 한국과 토고 전에 맞춰 그냥 버스 티켓을 질러버린 것이다.

그러나 막상 일을 저지르고 나니 상황이 예상했던 것보다 더 심각하게 돌아가고 있었다. 검문이 강화된 것이다. 독일로 가려고 버스터미널을 찾은 늦은 오후, 평소와 달리 많은 경찰이 눈에 띄었다. 그들을 보는 순간 우리는 도망자라도 된 것처럼 몸이 경직되었다. 경찰의 눈을 이리저리 피해 다니면서 불안에 떨었다. 말도 안 되는 세상의 규칙에 저항한다고 생각했기에 우리의 마음은 당당했지만, 현실적으로 경찰은 두려운 존재였다. 다행스럽게도 경찰은 우리를 이상하게 보지 않았다. 그래도 우리는 버스를 타는 순간까지 경직된 몸을 풀지 못했다.

오후 여섯 시, 우리는 노을의 환송을 받으며 독일로 향했다. 열두 시간이 넘는 긴 여정이 시작된 것이다. 이제 우리도 월드컵 축제를 즐기게 되었다는 안도감이 찾아들자 경직되었던 몸이 서서히 풀리기 시작했다. 나는 축구 열기로 가득한 프랑크푸르트를 상상하며 행복한 미소를 지었다. 그리고는 곧 깊은 잠 속으로 빠져들었다.

시간이 얼마나 흘렀을까? 눈을 떴을 때 창밖은 칠흑처럼 캄캄했다. 버스의 헤드라이트만이 먹빛 도로 위에 빛을 뿌리고 있었고, 사람들은 모두 깊은 잠에 빠져 죽은 듯 조용했다. 몇 시인지 알 수 없었다. 비몽사몽 다시 눈을 감으려는데 갑자기 버스가 속도를 줄였다. 곧이어 눈 속으로 빛이 파고들었다. 천장의 전구가 하나 둘 켜지고 버스가 멈춰 선 것이다.

잠이 확 달아났다. 나는 창밖을 살폈다. 몇 개의 신호등이 어둠을 밝히고

있었다. 시계를 들여다보니 새벽 두 시가 지나고 있었다. 시간이나 분위기로 봐서 독일과 프랑스 사이 어디쯤엔가 있는 국경 도시인 듯했다. 그때 갑자기 정적을 깨고 버스 문 열리는 소리가 요란하게 들렸다. 짧은 금발 머리에 덩치 좋은 경찰 두 명이 손전등을 들고 버스로 올라탔다.

아! Lee가 걱정했던 상황이 눈앞에서 벌어지고 있었다. 그들은 영어로 승객들에게 여권을 보여 달라고 말했다. 그들은 물개 소리 같은 불어를 하는 프랑스의 경찰이 아니라 둔탁한 독일식 발음으로 영어를 딱딱 끊어 말하는 독일 경찰이었다. 국경을 넘었다는 기분을 느끼기도 전에 하늘이 무너져 내리는 것 같았다. 나는 Lee의 손을 꼭 잡았다. 그녀의 원망하는 눈빛이 나의 피부 곳곳으로 날아와 박혔다.

"오지 말 걸. 오지 말 걸."

이 두 마디가 가슴속에서 메아리치고 있었다. 후회가 밀려왔다. 우리가 범죄자처럼 한국으로 추방되는 영상이 눈앞을 스쳐 지나갔다. 나는 당당함을 연기하기 위해 눈에 힘을 주어 다가오는 경찰을 바라보았다. 그들이 공포 영화에 나오는 귀신들처럼 우리를 향해 성큼성큼 다가오고 있는 듯이 보였다. 잠시 후, 우리의 여권이 그의 손으로 미끄러져 들어갔다. 심장 뛰는 소리가 내 귀에 들릴 정도로 쿵쾅거렸다. 그는 손전등으로 여권의 맨 앞장을 비춰 보더니, 내일 축구 경기가 있지 않느냐며 '승리를 기원한다'라고 말하고는 여권을 다시 돌려주었다.

한동안 멍하니 앉아 있었다. 이게 지금 어떻게 된 상황인지 정리가 되지 않았다. Lee가 경쾌하게 나의 팔을 툭 쳤다. 나는 깜짝 놀라 주변을 둘러보았다. 하늘의 뜻이었을까. 통로를 기준으로 우리의 좌석은 왼쪽이었는데, 공

축! 불법 체류자의 탄생

173

교롭게도 왼쪽 승객의 여권을 검사하는 경찰은 국적만 보았고, 오른쪽 승객을 맡은 경찰은 입국 날짜까지 자세히 들여다보고 있었다.

10분도 안 되는 짧은 시간에 우리는 천국과 지옥을 오고 갔다. 웃음과 헛웃음이 동시에 나왔다. 한국 국적은 국경을 통과하는데 아무런 문제가 없었다. 그러나 동유럽과 아랍 국적의 사람들은 철저하게 검문을 당하는 통에 심한 불쾌감을 맛봐야 했다. 이 상황에서 그들을 동정할 여유가 없었다. 우리는 그들의 아픔을 외면한 채 다시 잠을 청하는 척 연기를 하며 눈을 감았다. 이런 이기적인 인간 같으니라구…….

페이스 페인팅 이벤트

달아오르는 월드컵 열기

아침 5시 30분, 버스가 프랑크푸르트에 닻을 내렸다. 어둠을 뚫고 열두 시간을 달린 긴 여정이었다. 버스는 터미널이 아니라 프랑크푸르트 기차역 앞에 우리를 내려 주었다. 막 어둠이 걷히기 시작하는 어스름 새벽이었다. 거리는 조용했다. 행인과 자동차가 가끔 지나갈 뿐이었다. 어디로 가지? 커피라도 마시며 밤새 지친 몸을 풀고 싶었다. 혹시나 싶어 마인 강이 있는 쪽으로 무작정 걸었다. 마인 강은 기차역에서 그리 멀지 않았다. 한강보다는 작고 센 강보다는 조금 더 커 보였다. 강가엔 이미 월드컵 응원단을 위해 대형 스크린이 설치되어 있었다.

우리는 날이 밝을 때까지 마인 강변과 시내 이곳저곳을 어슬렁거렸다. 그러다가 뜻밖에도 문을 연 카페를 발견했다. 카페로 들어서자 독일사람들이 벌써부터 맥주를 마시고 있었다. 아침부터 맥주라니. 독일은 역시 맥주의 나라였다. 우리도 에스프레소 대신 오늘의 분위기를 즐기기 위해 맥주를 주문했다. 좋아. 가는 거야!

축! 불법 체류자의 탄생

일곱 시간 뒤면 대한민국이 아프리카의 토고와 운명의 한판을 벌인다. 상쾌한 맥주 한잔 때문인지 나도 모르게 가슴이 뛰었다. 우여곡절 끝에 프랑크푸르트까지 왔지만 우리는 그러나 축구 경기를 볼 생각은 없었다. 경기장 입장 티켓도 없었다. 우리의 목적은 사람들에게 페이스 페인팅을 해주며 지구촌 축제의 일원이 되는 것이었다. 붉은 악마 응원단뿐만 아니라 토고 응원단에게, 그리고 프랑크푸르트에 모여 있는 모든 지구별 사람들에게도 페이스 페인팅을 해줄 계획이었다. 불법 체류자인 우리가 국경을 넘어 월드컵이 열리는 이곳까지 오다니……, 대견하고 흥분도 되었지만 한편으론 우리가 제정신인지 스스로 생각해도 어이가 없었다.

경기가 시작되려면 아직 여섯 시간이 남아 있었다. 프랑크푸르트 시내 관광도 하고, 밤에 묵을 숙소도 알아볼 겸 지도를 들고 카페를 나왔다. 독일을 대표하는 금융 도시라지만 프랑크푸르트의 규모는 파리보다는 많이 작아 보였다. 분위기 또한 조금 달랐다. 뭐랄까? 옛 건물에서 풍기는 전통미와 고층 빌딩이 연출하는 현대미가 적절히 조화를 이룬 도시라는 생각이 들었다.

오전부터 프랑크푸르트 시내는 축구 열기로 들썩였다. 화창한 6월의 날씨가 열기를 더해주었다. 축제의 현장에 와 있다는 것이 실감이 나기 시작했다. 몇몇 시민들은 우리를 보고는 한국을 응원한다는 뜻으로 엄지손가락을 치켜세웠다. 붉은 셔츠를 입고 손에 태극기를 든 한국 사람도 제법 많았다. 안타까운 것은 시내를 관광하는 내내 토고 국기를 든 사람을 만나지 못했다는 것이다. 우리는 국기만 들지 않았을 뿐 거리의 흑인 중에는 토고에서 온 사람도 분명히 있을 거라고, 스스로를 위로 했다.

대형 스크린이 설치된 마인 강가로 모인 월드컵 응원객.

시내 관광을 마치고 다시 대형 스크린이 설치된 마인 강가로 갔다. 경기가 시작되려면 아직 세 시간이나 남아 있었지만 꽤 많은 사람이 모여들고 있었다. 이미 자리를 차지한 붉은 악마들의 우렁찬 응원 소리도 들렸다. 아쉽게도 그곳에도 토고 응원단은 보이지 않았다. 한국의 일방적인 응원전이 되리라는 것을 보지 않아도 알 수 있었다. 페이스 퍼인팅 이벤트가 싱겁게 끝날 것 같아 은근히 조바심이 났다. 우리는 한국뿐 아니라 토고를 위한 응원 문구와 이미지도 준비해 온 터였다.

토고 응원단이 보이지 않는다
페이스 페인팅 장소를 옮기기로 했다. 경기장에 가면 토고 사람들을 만날

축! 불법 체류자의 탄생

수 있을 거라고 믿고 지하철역으로 걸음을 옮겼다. 경기장 밖에도 대형 스크린이 있을 것이므로, 페이스 페인팅을 마친 뒤 그곳에서 한국을 응원할 계획이었다. 지도를 보거나 길을 물을 필요는 없었다. 이미 많은 사람이 지하철역으로 향하고 있어서 우리는 그냥 그들을 따라가기만 하면 되었다.

20분쯤 지하철을 타고, 다시 15분쯤 걸어 월드컵 경기장에 도착했다. 그런데 이게 웬일인가? 그곳엔 경기장 말고는 아무것도 없었다. 넓은 주차장과 몇 개의 공원과 주변의 숲이 전부였다. 우리가 상상했던 축제의 분위기라고는 눈을 씻고 찾아도 보이지 않았다. 한국에서는 흔한 잡상인도 눈에 띄지 않았다. 붉은 셔츠를 나누어 주는 한인 단체 사람들과 입장하려고 기다리는 관람객이 전부였다. 경기장 안에서 들려오는 터질 것 같은 우렁찬 함성이 이제 곧 경기가 시작될 거라고 말해주고 있을 따름이었다.

그뿐이 아니었다. 대형 스크린은커녕 작은 TV도 찾아볼 수 없었다. 우리가 만나고 싶었던 토고 응원단도 보이지 않았다. 실망이 쓰나미처럼 밀려들었다. 어쩔 수 없었다. 시간이 더 흐르기 전에 자리를 잡아야 했다. 그런데 출입구 근처를 빼고는 사람들이 한 곳에 몰려 있지 않고 여기저기 흩어져 있어서 난감했다. 이대로 있을 수만은 없다는 생각이 들어 백인 청년에게 다가가 페이스 페인팅을 해주겠다고 말하려는데, 그는 나를 암표상인 취급을 하며 'No!'라고 외치고는 사라져 버렸다. 서러웠다. 이러려고 산전수전 다 겪으며 이곳까지 온 게 아니었다. 그러나 여기서 주저앉을 수는 없었다. 우리는 다시 계획을 변경했다. 경기장으로 걸어오는 사람들을 잡으려고 경기장으로 연결된 도로 쪽으로 물러나 자리를 물색했다. 우리는 나무가 우거진 길가에 자리를 잡았다. 준비해온 도화지에 'free face painting!'이라

월드컵 경기장 앞에서의 페이스페인팅. 한국, 독일, 홍콩, 일본, 영국, 남아공 등에서 온 사람들이 우리의 그림을 얼굴에 새기고 행복한 표정을 지으며 경기장으로 들어갔다.

축! 불법 체류자의 탄생

고 적었다. 그리고 잡상인이 좌판을 벌이듯 길바닥에 주저앉아 물감을 펼쳐놓았다. 그리고는 목이 터져라, 소리쳤다. 이판사판이었다.

"free~! free~! face painting!"

처음에는 돈을 벌려고 호객을 하는 줄 알고 그냥 지나치던 응원객들이 'free'라는 소리를 듣고 관심을 보이기 시작했다. 세상 어디를 가나 공짜는 통했다. 사람들이 하나 둘 모여들더니 금방 줄이 만들어지기 시작했다. 오, 이 감격! 상상을 뛰어넘는 폭발적인 반응이었다. 처음에는 신중하게 그리려고 천천히 움직이던 손이 점점 빨라졌다. 독일, 홍콩, 일본, 영국, 남아공 등에서 온 사람들이 우리의 그림을 얼굴에 새기려고 기다리고 있었다. 우리 둘만으로 턱없이 부족했다. 땀을 뻘뻘 흘렸지만 그래도 행복했다.

관람객들은 go Korea go Togo, peace, love, we are the one 등의 글자를 새기거나 축구공, 태극기, 토고 국기의 그림을 얼굴에 담고는 행복한 얼굴로 경기장으로 들어갔다. 외국인 중에는 한국뿐만 아니라 토고도 응원하겠다며 한국과 토고의 국기를 하나씩 그려달라는 사람도 많았다.

어떤 영국 아저씨는 그림을 다 그려주자 나에게 악수를 청했다. 그의 손을 잡는 순간 무언가가 슬쩍 내 손으로 전해지는 느낌이 들었다. 지폐라는 것을 직감적으로 알 수 있었다. 당황한 나는 그의 얼굴을 바라보았다. 그는 말없이 가벼운 윙크를 날리고 재빨리 사라져 버렸다. 뒤에서 기다리던 사람들 때문에 그에게 인사조차 하지 못하고 다시 페이스 페인팅에 집중해야 했지만, 아직도 가끔 그의 얼굴이 떠오른다.

한국 응원단과의 만남은 반가움을 넘어 서로에게 큰 힘이 되었다. 그들은 우리가 좋은 일을 한다며 무척 기뻐했다. 감사의 표시로 한국에서 가지고 온 소시지, 과자, 열쇠고리 등 그들이 줄 수 있는 것들을 아낌없이 내놓았다. 어떤 분은 줄 게 없다며 자신이 가지고 있던 묵주까지 주셨다.

오! 폭풍 같은 동포애.

경기가 시작되기 20분 전쯤, 페이스 페인팅 이벤트가 끝이 났다. 몸은 지쳤지만 마음은 날아갈 것 같았다. 나는 우리가 공짜로 페이스 페인팅을 해주었다고 생각하지 않는다. 우리는 수많은 사람에게 미소와 마음을 받았다. 그들은 아주 조금 가져갔고 우리는 아주 많은 것을 받았다. 그들의 미소와 따뜻한 격려 덕분에 마음 한구석에 붙어 있던 불안감을 완전히 떨쳐버릴 수 있었다. 나는 행복한 불법 체류자였다.

그러나 안타깝게도 끝내 토고 사람을 만나지 못했다. 몇몇 토고 응원단을 보기는 했지만, 그들은 토고 사람들이 아니라 토고를 응원하러 온 독일에 사는 흑인들이거나 아프리카의 다른 나라에서 온 사람들이었다. 우리는 왜 그렇게 토고 응원단을 찾으려고 했을까? 뭐 특별한 이유가 있는 것은 아니었다. 단지 2002년 월드컵 때 우리가 누렸던 행복감을 그들도 느낄 수 있었으면 하는 바람이었다. 나 또한 한국이 이기면 정말 좋다. 하지만 광적으로 한국의 승리만을 요구하고, 무조건 한국만을 응원해야 한다는 식의 분위기는 나와는 맞지 않는다. 중요한 것은 우리가 몇 승을 하느냐가 아니라 축제를 즐기고 행복할 수 있는 그 자체였다. 생각해브라. 세계 최대 빈국에 속하는 토고 국민에게 한 번의 승리가 얼마나 간절할지, 한 번의 승리가 그들에게 얼마나 큰 위안을 줄지를. 우리는 이미 그 환희를 경험했고, 또 그것이 얼마나 감동적인지, 그것이 얼마나 큰 행복을 주는지 잘 알고 있지 않은가.

축! 불법 체류자의 탄생

한국 대 프랑스, 따바에서의 응원 대결

알레 알레 알레 블루

프랑스 사람들은 스포츠를 무척 좋아한다. 특히 개인 기량이 중요한 스포츠보다 협동심을 요구하는 스포츠에 더욱 열광하는데, 그중에서 축구에 대한 열기는 우리에게 알려진 것 이상으로 정말 대단하다. 대부분 유럽 사람들이 그러하듯이 프로 축구 경기가 있는 날이면 언제나 수많은 사람이 바에 모여 소리 높여 노래를 부르고 열정적으로 응원한다. 4년에 한 번씩 광적으로 몰두하는 우리와는 질적으로 다르다. 그들에게 축구는 일상이고 문화이다.

토고와의 경기에서 승리한 그 다음 날, 우리는 파리로 돌아왔다. 갈 때와 마찬가지로 밤을 달리는 강행군이었다. 이른 아침부터 비가 추적추적 내리고 있었다. 우리는 옷이 젖는 것도 신경 쓰지 못할 만큼 녹초가 되어 있었다. 무거운 몸을 이끌고 집으로 가고 있는데 멀리서 따바 아저씨가 가게 문을 여는 게 보였다. 그는 우리를 발견하자 엄지손가락을 번쩍 들어 보이면서 한국이 토고를 이겼다고 힘차게 소리쳤다. 우리는 반갑게 대답할 힘도

남아 있지 않아 그저 손만 흔들었다. 그는 주말에 용과 같이 꼭 따바로 오라고 하고는 손을 흔들며 가게 안으로 들어갔다. 돈이 천근만근인 우리는 듣는 둥 마는 둥 집으로 향했다.

한국과 프랑스의 경기가 있던 날 밤이었다. Lee와 나는 맥주를 마시며 축구 경기를 보기로 했다. 치즈와 그 밖의 몇몇 안주를 준비하고 있는데 전화벨이 울렸다. 따바 아저씨였다. 다들 축구 경기를 보려고 모이기로 했으니 빨리 따바로 오라는 것이었다. 그때야 며칠 전 아침에 아저씨가 주말에 따바로 오라고 한 말이 기억났다.

Lee와 나는 주섬주섬 옷을 입고 따바로 갔다. 축구가 시작되려면 아직 한 시간 가까이 남았는데 가게 안은 이미 단골손님들로 꽉 차 있었다. 용의 가족도 보였다. 그들은 우리를 보자 갑자기 '코레아, 코레아'를 외쳤다. 그들은 승리를 예감하고 맥주에 양고기를 구워먹으며 미리 축배를 들고 있었다. 손님들은 왁자지껄하며 즐거워했지만, 왠지 우리는 비장한 마음이 들었다. 주인아저씨는 우리가 들어가자 가게 문을 안에서 잠가 버렸다. 한국과 프랑스만의 결투장이 만들어진 것이다. 주인아저씨가 웃으며 우리에게 한마디 건넸다.

"친구들 미안하지만, 오늘 승리는 우리 것이네."

용은 축구 경기에 큰 관심을 보이지 않았으나 그녀의 남편 다비드는 한껏 고무된 표정을 지으며 의미심장한 말을 했다.

"아무래도 한국은 프랑스와는 상대가 안 되지!"

오옷! 이 거만한 것들! 그들이 한국을 깔보자 경기에 참가한 선수라도 되는 것처럼 눈에서 불꽃이 튀었다. 나는 공은 둥글다고 말해 주려다 그만두었

축! 불법 체류자의 탄생

다. 따바의 손님들은 프랑스 축구 대표팀 응원 구호인 '알레 알레 알레 블루'를 힘차게 부르며 우리를 향해 엄지손가락을 아래로 내려 보였다. 그럴 수도 있는 일이지만 기분이 조금 상했다. 속이 부글부글 끓었지만 그들의 야유를 관대한 척 웃음으로 넘겨버렸다.

상황이 상황인지라 열정적으로 우리나라를 응원하지만, 사실 나는 외국 축구팀 중에서 유일하게 프랑스 축구팀을 좋아한다. 나는 프랑스 축구 국가 대표팀에서 프랑스의 힘을 본다. 아트 사커도 아트 사커지만 무엇보다도 다른 나라 축구팀에서는 찾아보기 어려운 특별함이 있기 때문이다. 프랑스 축구팀에는 순수 프랑스인뿐 아니라 모로코, 알제리, 가나, 세네갈 출신의 이민 2세나 귀화한 유색인종 선수들이 많다. 스포츠 세계에도 자유와 박애, 관용의 정신이 녹아들어 있다는 것이 놀랍다. 프랑스 축구를 예술 축구라 부르는 것은 비단 그들이 기술 축구를 잘해서 붙여준 말은 아닐 것이다. 인종을 아우르는 통합의 정신이 살아있기에, 통합의 힘이 만들어내는 축구가 아름답기에, 프랑스 축구는 진정한 예술 축구가 아닐까?

대~한~민~국, 짝! 짝! 짝! 짝! 짝!

손님들은 축구가 시작되기도 전에 취기가 올라오는지 계속해서 과장된 몸짓으로 응원을 해댔다. 그들의 행동은 이내 따바를 팽팽하게 긴장된 경기장으로 바꿔놓았다. 그들을 보자 오기가 발동했다. 나는 맥주를 물처럼 마셨다. 프랑스 쪽으로 넘어간 분위기를 가져오려면 술의 힘이 필요했다. 대~한~민~국, 짝! 짝! 짝! 짝! 짝! 열정적으로 구호를 외치고 박수도 쳤으나 역부족이었다. 수적 열세는 어떻게 할 수가 없었다. 우리는 응원에 무심

따바에서의 월드컵 응원 대결. 프랑스에 1대0으로 지고 있던 종료 5분 전, 박지성이 천금 같은 동점골을 넣었다. Moon과 Lee는 비명에 가까운 함성을 지르며 무의식적으로 테이블 위로 올라갔다. 주변을 둘러보니 따바는 초상집이었다. 이윽고, 선술집에서 우리는 공공의 적이 되었다.

축! 불법 체류자의 탄생

한 용을 포함해야 고작 셋이었고, 나머지는 모두 프랑스인이었다.

경기가 시작되자 따바의 분위기는 최고조로 올라갔다. 나는 대한민국의 선전을 간절히 기원했다. 우리 선수들이 나를 대신해 콧대 높은 따바 사람들에게 한 방 먹여주기를 바랐다. 하지만, 상황은 정반대로 흘러가고 있었다. 시간이 흐를수록 실력 차가 드러나기 시작했다. 한국은 공격다운 공격 한 번 못하고 프랑스를 막아내기에 급급했다. 불안했다.

"골~! 골인이다!"

앙리가 선제골을 터뜨리자 따바는 난리가 났다. 소리 지르고, 테이블을 주먹으로 치고, 서로 끌어안고, 노래를 부르고……. 월드컵에서 우승이라도 한 분위기였다. 조금 있다가 주인아저씨가 생글생글 웃으며 맥주를 가져다 주었다.

"미안해 친구들. 하하하."

그의 말에 자극을 받아 우리는 소리 지르며 응원을 했지만 이내 프랑스 사람들의 함성에 묻히고 말았다. 후반 들어서도 사정은 나아지지 않았다. 프랑스는 줄기차게 우리의 골문을 노렸고, 우리는 몸을 던지며 그들을 막았다. 그래도 나는 포기할 수 없었다. 그래 봤자 한 점 차였다. 처음부터 이기는 건 꿈도 꾸지 않았다. 우리에게 필요한 건 한 골이었다. 그러나 시간이 없었다. 주인아저씨 말처럼 승리는 프랑스의 몫일까?

희망이 사라질 즈음, 기적이 일어났다. 종료 5분 전, 박지성이 천금 같은 동점골을 넣었다. 우와! Lee와 나는 거의 비명에 가까운 함성을 지르며 무의식적으로 테이블 위로 올라가 두 팔을 번쩍 들어 올렸다. 그리고 미친 듯이 펄쩍펄쩍 뛰었다. 그렇게 얼마의 시간이 흘렀을까. 10초? 아니 15초? 순간 나는 느꼈다. 따바 안에 정적이 흐르고 있다는 것을. 등짝에 꽂히는 수많은 시선이 그때야 느껴졌다. 주변을 둘러보니 초상집이었다. 불과 몇 십 초 만에 천당이 지옥으로 바뀐 것이다. 모두 넋을 놓고 앉아 TV를 바라보고 있었다. 어느 사람도 말을 꺼내지 않았다. 그 순간 우리는 공공의 적이 되어 있었다.

경기가 끝나자 주인아저씨는 문을 닫을 거라며 모두 나가달라고 했다. 그의 얼굴엔 실망한 빛이 역력했다. 이기면 어린 아이처럼 좋아하고 지면 금방이라도 울듯이 실망하는 아저씨의 모습이 귀여웠다. 우리는 평소처럼 웃는 얼굴로 인사하고 가게를 나왔다. 스포츠는 스포츠일 뿐이니까.

울랄라! 생각해 보니 오늘도 공짜 술을 마셨다.

축! 불법 체류자의 탄생

네덜란드의 고졸 친구들

10개월 일하고 2개월 노는 친구들

네덜란드 친구 이란메트와 우타. 이란메트는 공사장에서 실내장식 일을 하고 있고, 우타는 원래 컴퓨터 관련 직종에서 일하고 있었으나 이번에 만나보니 화학 회사로 직장을 옮긴 뒤였다. 그들은 우리가 네덜란드를 방문하면 하루 이틀은 쉽게 휴가를 받았다. 우리는 미안해서 어쩔 줄 몰랐지만, 그들은 친구가 오는데 이 정도는 당연하니 부담 갖지 말라고 말해 주었다.

1년 전 여름, 인도에서 처음 만났을 때, 그들은 2년 동안 열심히 번 돈으로 무려 11개월 동안 세계 여행을 하는 중이었다. 여행이 끝나고 그들은 다시 일하던 회사로 돌아갔다. 2년 일하고 11개월을 노는 그들도 신기했지만, 그보다는 1년 가까이 쉬었는데도 다시 받아주는 그 회사가 더 신기했다.

지난봄, 그들과 대화를 나누다가 다시 휴가 이야기가 나왔다. 한국의 보통 회사원은 일 년 휴가가 일주일에서 열흘 정도라고 얘기했더니, 그들은 우리의 말을 믿지 않았다. 공식적으로는 연월차에 여름휴가까지 합하면 일 년에 한 달은 될 것이다. 그러나 그것을 다 찾아 쓰는 경우는 흔치않다고

보충 설명까지 해주었지만, 그들은 여전히 믿지 않았다. 그들은 오히려 한국의 실정을 부끄러워하는 우리의 속도 모르고 한 술 더 떠 그게 진실인지 내기까지 하자고 했다. 하기야 한 달이 넘는 올해의 휴가를 어떻게 보낼 것인가가 최고의 고민이라니, 우리의 상황을 어찌 이해하겠는가.

우타는 그의 직업이나 월급에 대해 만족하고 있지는 않지만, 1년에 두 달이 넘는 휴가 때문에 그 일을 한다고 했다. 별로 좋아하는 일도 아닌데 휴가라도 많아야 하지 않겠느냐는 게 그의 생각이었다. 초과 근무는 그에게는 상상할 수도 없는 일이었다. 게다가 여자 친구가 타이인이라 필립스에 취직해 타이와 가까운 싱가포르 지사에서 일하고 싶다고 했다. 처음 그가 필립스의 싱가포르 지사 얘기를 꺼냈을 때는 그저 희망 사항인 줄 알았다. 그런데 전혀 불가능한 얘기는 아니라 했다. 단지 필립스에 취직하더라도 언제 싱가포르 지사로 발령을 받을 수 있을지 그게 문제라고 했다. 나는 좀 놀라웠다.

"이게 말이지, 좀 이상하게 들릴 수도 있는데…… . 궁금해서 그러는데, 고졸 학력자도 그게 가능하니?"

그는 어리둥절한 표정을 지으며 대답했다.

"그게 무슨 상관이야?"

그의 대답은 명료했다. 그러고 보니 이란메트는 고등학교 중퇴의 학력이었지만 우타보다 더 많은 돈을 받고 있다. 노동의 가치를 존중받는다는 게 이런 것인가? 질문한 나의 얼굴이 화끈거렸다. 그렇지! 학벌이 무슨 상관이야?

100만이 넘어가는 청년 실업자와 OECD 최고의 청년 실업률을 자랑하는

축! 불법 체류자의 탄생

이란메트의 작은 별장에서의 즐거운 한때. 왼쪽부터 이란메트, 우타, Lee. 30대 초반의 고등학교를
중퇴한 건축 노동자인 이란메트는 집과 작은 별장을 가지고 있었고, 해외여행도 즐겼다.
네덜란드에서는 당연한 현실을 보며 우리는 한국의 88만원 세대를 생각했다.

우리의 현실과 비교하자면 우타의 말은 천국에서나 들을 수 있는 소리 같
았다. 한국에서 학벌은 곧 권력이 아니던가? 학벌만으로도 모자라 이제는
최고의 스펙이 아니고서는 대기업에 이력서조차 내지 못하는 시대가 아니
던가. 대졸자의 사정이 이러한데 고졸자의 현실은 말해서 무엇하겠는가.

생일 파티에 초대받다

로테르담에 머물던 8월 어느 주말, 우리는 우타와 이란메트의 친구 생일

파티에 초대를 받았다. 파티가 열리는 곳은 이란메트의 집에서 멀지 않은 곳이었다. 해가 떨어질 무렵 우리는 그들을 따라 집을 나섰다. 휴가철 주말이라서 그런가? 거리는 이상할 정도로 한산했다. 흡혈귀가 나올 것 같은 묘한 어둠만이 거리를 뒤덮고 있었다. 네덜란드 제2의 도시의 주말 풍경이라고는 믿지 않았다. 우리는 우타와 이란메트를 늦치지 않으려고 빠른 걸음으로 그들의 뒤를 쫓아갔다.

파티가 열리는 곳은 가정집이었다. 친구 몇 명이 모여 술을 마시는 줄 짐작했는데 우리의 예상은 완전히 빗나갔다. 집 안으로 들어서자 손님이 20명이 넘었고, 음악 디제이까지 초빙해놓고 있었다. 손님들은 음악에 맞춰 왁자지껄하게 파티를 즐기고 있었다. 우리는 당황했다. 이처럼 거창하고 요란한 생일 파티는 생전 처음이었다. 다행히 동양인의 방문이 반가웠는지 우타의 친구들은 우리를 아주 반갑게 맞아주었다.

어디서 왔느냐? 무엇을 하느냐? 그들은 다양한 질문 공세를 이어갔다. 파리에서 그림을 그린다고 하자, 갑자기 긴 갈색 머리 여자가 유창한 불어로 한참을 떠들어댔다. 정말 난감했다. 그녀는 우리에게는 불어보다 영어가 훨씬 편하다는 사실을 몰랐던 모양이다. 다 알아들었다는 듯 미소를 한 번 날려주고는 술 좀 마실 수 있느냐는 말로 자연스럽게 분위기를 바꾸었다.

유럽인들끼리 모이면 언어를 바꿔가면서 대화를 하는 경우가 있다. 그럴 때마다 적응되지 않는다. 유럽은 참으로 이상한 곳이라고 투덜대면서도 속으로는 부러웠다. 아시아인들도 한국, 중국, 일본 그리고 북한 사람들까지 모두 모여서 저렇게 놀면 얼마나 좋을까. 한국어로 대화하다가 일본어로 바꾸어 대화하고 그러다 싫증이 나면 이북 사투리도 좀 쓰고, 중국어도 하

축! 불법 체류자의 탄생

고, 이렇게 언어를 바꿔가면서. 그러려면, 음……, 일단 싸우지나 말아야겠지?

파티 분위기에 익숙해질 무렵 검은 정장 차림에 덩치가 산만한 아주머니가 등장했다. 오늘 주인공의 어머니였다. 그녀가 들어오자 다들 노래를 부르고 난리가 났다. 그녀는 환한 미소로 인사를 하더니 주방으로 가서 음식을 가지고 나왔다. 그리고는 모퉁이 테이블에서 모락모락 흰 연기를 뿜어 내며 마리화나를 피우는 젊은 친구들에게 다가가 껄껄껄 웃으며 그들과 유쾌하게 어울렸다. 고릴라처럼 생긴 오늘의 주인공은 그녀 앞에서 천연덕스럽게 마리화나를 피우고 있었다. 합법이라 하니 뭐라 할 말은 없지만, 그래도 어머니 앞에서 담배도 아니고 마리화나를 피우는 모습은 나에게는 놀랍고 충격적이었다. 나는 이렇듯 네덜란드에만 가면 촌티 팍팍 나는 꽉 막힌 꼴통이었다.

네덜란드, 나에게 질문을 던지다

어찌 됐든 그들의 모습은 유쾌하고 발랄해 보였다. 우리는 부러운 눈으로 그들을 바라보았다. 무언가 망설이던 Lee가 이란메트를 보며 입을 열었다.

"우리나라에는 88만원 세대라고 있어. 대학을 졸업해도 한 달에 88만원밖에 벌지 못하는 세대를 말하는 거야. 정확히 말하면 이건 우리 세대 이야기야. 그런데 너희는 친구들이랑 이렇게 모여 파티도 하고, 너무 부럽다."

그랬더니 이란메트가 놀란 눈으로 우리를 바라보며 말을 이었다.

"뭐야! 나는 일도 안 하면서 파리에 사는 너희가 부럽다. 그리고 1,000유로 세대라고 들어보지 못했어? 너희의 88만원 세대와 같은 거야. 아무리고학력이어도 인턴만 전전하며 한 달에 1,000유로로 살아가는 세대. 여기도 예전 같지 않아. 요즘에는 우리도 돈에 쪼들려서 토요일에 일해야 할 때도 있고, 나도 이제 집을 쪼개 세를 놓을 생각이야."

"아! 예전에 신문에서 읽은 적이 있어. 네덜란드에서는 해고를 하는 대신 일할 시간을 나눈다고. 오전에는 정규직이 일하고 오후에는 비정규직이 일하고……."

내가 믿을 수 없는 현실을 본 듯이 말을 했다.

"헤이, Moon! 그거 별거 아냐. 결국 다들 수입이 줄어들어 돈에 쪼들리며 산다는 소리지! 하하!"

담배 연기와 허허로운 웃음을 허공에 뿜으며 우타가 대답했다.

여기에 오기까지 우리가 한국에서 얼마나 고생했는지 그들은 모른다. 솔직히 하나부터 열까지 모든 것이 부러웠다. 같은 유럽인데도 네덜란드는 프랑스와는 또 다른 세상이었다. 프랑스 사람들은 역사와 문화에 대한 자부심 때문에 콧대가 높지만, 네덜란드인들에게는 어떠한 권위도, 타인에게 우월 의식을 내세우는 모습도 찾아볼 수 없다. 샹송이 세상에서 가장 아름답다고 말하는 프랑스인과 달리, 네덜란드인들은 너덜란드어로 된 노래가 너무 웃긴다며, 역시 노래는 팝송이 최고라고 외쳤다.

독일, 영국, 프랑스 같은 강대국에 둘러 쌓여 있고, 국토가 바다보다 낮은 절망적인 자연환경을 이겨내며 살아야 했기 때문이었을까. 그들의 선택은 언제나 '열림'과 '내려놓음'이었다. 오래전부터 세상의 문화와 물류를 이동시킨 개방의 역사가 오늘의 네덜란드를 만들었는지도 모르겠다. 뭐, 식민지 수탈의 역사까지 긍정적으로 봐줄 수는 없지만, 그래도 여행자의 마

축! 불법 체류자의 탄생

음과도 같은 열림과 내려놓음의 나라인 네덜란드가 나는 존경스러웠다. 그들은 존재 그 자체만으로도 우리에게 무언가 끊임없이 질문하고 있었다.

우리도
파리지엔처럼

그들은 왜 파리로 갔을까
네번째 이야기

우리들의 놀이터 뤽상부르

뤽상부르는 우리의 어학원

"날씨도 좋은데 어디 갈 데 없을까?"

"우선 뤽상부르로 가자. 거기 가서 생각하자!"

"커피나 한 잔 하러 나갈까?"

"뤽상부르로 가자. 거기도 카페 있잖아!"

팔자 좋아 보이는 우리가 하루를 시작할 때 주고받는 대화이다. 우리는 대부분 밤에는 따바, 낮에는 뤽상부르에서 지냈다. 아침 일찍 눈을 뜬 날이면 뤽상부르에서 조깅을 했다. 특별한 계획이 없는 날이면 뤽상부르의 벤치에 앉아 무엇을 할까 궁리를 했고, 종일 시내를 돌아다녀서 피곤한 날에는 뤽상부르에 들러 여독을 풀었다. 남의 눈치 보지 않고 내 집처럼 마음 놓고 편히 쉴 수 있는 곳으로 공원만 한 곳이 없었다. 공원에 가는데 돈이 드는 것도 아니니 가난한 자에게 이만한 곳이 또 어디 있겠는가?

공원에 앉아 있으면 파리지엔들도 이곳을 좋아한다는 걸 알 수 있었다. 그들은 휴식과 여유를 마음껏 즐겼다. 어린 아이부터 흰 머리가 아름다운 할

우리도 파리지엔처럼

머니까지, 독서 삼매경에 빠진 파리지엔부터 거침없이 키스를 나누는 청춘들까지, 연령층도 다양하고 공원에서 보여주는 모습 또한 다채로웠다. 소소한 일상을 즐기는 그들은 늘 여유롭게 보였다. 가끔 그들은 열띤 토론을 하기도 했다. 끝이 없는 토론을 보고 있으면 프랑스의 힘이 느껴졌다. 그 주제가 사소한 것이든 정치적인 것이든 프랑스인들은 언제나 토론을 즐겼다. 이 같은 토론 문화가 혁명의 상상력을 제공했을 것이라고 나는 생각했다.

뤽상부르의 용도는 다양했다. 아침에는 조깅 코스가 되고, 점심때에는 간단히 식사를 할 수 있는 레스토랑이 되었다. 햇볕이 내리쬐는 오후에는 마른오징어처럼 사지를 벌리고 누워 비타민D를 만드는 일광욕장이 되기도 했다.

날씨가 좋아지기 시작하는 4월이 되면 주말마다 공원 곳곳에서 작은 음악회가 열리기도 했다. 가족끼리 친구끼리 어울려 춤추고 놀면서 파리가 예술의 도시라는 것을 몸소 보여 주었다. 때로는 인권보호단체나 동물보호단체들이 등장할 때도 있고, 종종 다양한 전시가 열리기도 했다. 그곳은 공원이자 복합 문화 공간이었던 셈이다.

우리에게 뤽상부르는 불어를 배울 수 있는 최적의 장소였다. 파리지엔들은 불어를 배우려는 우리를 귀엽게 여기며 그들의 시간을 너그러이 투자해주었다. 한국어를 못하는 외국인이 말을 가르쳐 달라면 싫어하는 이가 없는 것과 같은 이치일 것이다. 나의 불어 실력은 5살 정도의 어린 아이 수준에 불과했으니 얼마나 귀여워 보였겠는가? 우리는 휴식을 취하는 사람들에게 다가가 뻔뻔스러울 정도로 당당하게 책을 들이밀면서 질문을 마구 퍼부었다.

"이 단어의 뜻은 무엇인가요?"

"이 단어는 어떻게 발음하죠?"

"이 동사는 어떻게 바뀌는 거죠?"

문법에서 회화까지 모든 것을 물어보았다. 그러면 파리지엔은 대부분 열심히 설명해주었지만, 우리의 귓구멍에 전봇대가 박혀서 이해되지 않는 경우가 태반이었다. 너무 많은 질문으로 그들의 휴식 시간을 빼앗는 것 같으면, 나는 '아~' 하고 아는 척을 하면서 돌아오기도 했다. 그러면 돌아오는 길에 Lee가 물었다.

"Moon. 뭐라고 그러는 것 같아?"

"나도 몰라."

"물어본 내가 잘못이다."

사람들 대부분이 단답형으로 짧게 대답해 주었지만, 가끔 우리를 옆에 앉혀놓고 30분이 넘게 강의를 해주는 이들도 있었다. 최고의 선생님은 단연 할머니나 나이 어린 꼬마들이었다. 특히 꼬마들은 우리를 새로운 친구 정도로 생각하고 그들의 놀이에 끼워주었다.

요즘 한국에서는 어린이 성추행 사건이나 강력 범죄가 잦아 함부로 아이들에게 말을 붙이기가 어렵다. 뿐만이 아니라 백인이 아닌 외국인이 말을 걸 때에는 부모들이 싫어하는 경우도 있다. 심지어 영어 학원 선생님이 흑인이라 학원을 보내지 않았다는 말을 들은 적도 있다. 우리와 달리 프랑스에서는 어린이에게 말을 걸기가 쉬운 편이다. 우리는 어린 아이들과 놀면서 놀이로서의 불어를 배웠다. 뤽상부르의 아이들은 그들의 놀이에 관심을 보

우리도 파리지엔처럼

세상에서 제일 아름다운 모습 중의 하나인 독서 풍경. 햇살 좋은 날 뤽상부르 공원에서 흔히 볼 수 있는 풍경이다.

이면 먼저 인사를 건네기도 했다.

"봉주르~."

우리는 불어 배울 기회를 잡으려고 얼른 인사를 받아 주었다.

"봉주르~, 이름이 뭐야?"

"Nico! 여기서 뭐해? 같이 놀래?"

"너 불어 진짜 잘한다.(Tu parles tres bien francais.)"

말하고 보니 좀 이상했다. 칭찬한다고 한 말이지만 프랑스 아이에게 불어를 잘한다니. 내가 지금 무슨 소리를 하는 건지.

"난 네가 정말 부끄럽다."

곁에 있던 Lee가 툴툴거렸다.

우리가 불어를 배우려고 뻔뻔한 행동을 한 데에는 그럴 만한 이유가 있었다. 집세 내고, 맥주 마시고, 전시 팸플릿 좀 사고 나면 늘 돈이 부족했다. 먹을 것 못 먹고 입을 것 못 입어가며 모은 피 같은 돈으로 여유롭게 생활할 생각은 한 번도 한 적이 없지만, 그래도 이리도 쪼들리며 지낼 줄이야 누가 알았겠는가.

광장이 없는 광화문 광장

서울로 돌아오고 나서도 우리는 뤽상부르가 그리웠다. 우리의 영혼을 위로해 주던 나무 그늘과 그 그늘에서 웃어주던 파리지엔과 햇살 받으며 낮잠을 즐기던 푸른 잔디가 다시 보고 싶었다. 우리는 버스를 타고 가다, 혹은 시내를 거닐다 가끔 공원을 찾아 들어가 쉬고 싶어 두리번거렸다. 물론 공원이 없는 것은 아니지만 서울에서 뤽상부르 같은 곳을 찾기란 쉬운 일이

우리도 파리지엔처럼

아니었다. 간혹 잔디 보호라고 쓰인 금지 푯말 때문에, 콘크리트 바닥에 누워 나무와 잔디를 바라보아야 하는 어처구니없는 상황이 벌어지기도 했다. 사람이 아니라 잔디를 위한 공원이 우리에게는 너무 많았다.

2009년 겨울 우리는 택시를 타고 광화문을 지나고 있었다. 낮이었는데 그날따라 교보문고에서 경복궁에 이르는 길이 유난히 막혔다. 왜 이렇게 길이 막히는지 궁금해서 차창 밖을 내다보다가 깜짝 놀랐다. 광화문 한복판에서 아이들이 스케이트를 타고 있었다. 둘러보니 공원인지 광장인지 정체가 불분명한 공간에서 아이들이 차량 경적 소리와 매연에 시달리며 놀고 있었다. 짜증이 머리끝까지 오른 택시 기사 아저씨가 갑자기 거친 말을 내뱉기 시작했다.

"이런데다가 광장을 만들면 어떻게 하느냐고. 차는 차대로 막히지, 사람들은 사람들대로 스트레스받지. 애들 좀 보라고. 여기서 무슨 스케이트냐고. 스케이트는 논에 가서 타야지, 이런 데서 무슨 스케이트야! 그리고 역사와 문화가 있는 한국의 상징물을 만들겠다더니, 도대체 뭐가 우리나라 상징물이라는 거야? 저 분수대가 상징물이야? 광화문을 지켜주던 해태상은 어떻게 됐는지 봤어요?"

아저씨가 우리에게 물었다. 광화문이 이렇게 된 것도 오늘 처음 보았는데, 광화문의 해태상이 어떻게 되었는지 알리가 만무했다.

"아니요."

"보니까 바닥에 해태가 있던 곳이라고 적어 놓았더군요. 이게 뭡니까? 예전에 늘어서 있던 은행나무들이 그립다니까."

그러고 보니 세종로의 상징이던 100년 가까이 되었다는 은행나무가 보이

지 않았다. 상징물을 만든답시고 진정한 상징물을 없애고서 정체불명의 광장을 만들다니. 서울의 역사가 사라져버린 것 같아 착담한 기분이 들었다. 어떤 공간의 문화는 몇십 억짜리 상징물이 아니라 그 공간을 이용하는 사람들의 숨결이 만드는 게 아닐까? 그들이 편안함을 느끼고, 그들이 자랑스러워하는 곳이 된다면 그곳은 이미 빛나는 곳이 아닐까?

우리는 광화문 광장에서 광장도, 아름다운 자연도, 서울의 상징도, 역사도, 문화도 보지 못했다. 내가 본 것은 사람을 밀어내는 차가운 콘크리트 섬이었다. 뤽상부르가 다시 보고 싶어졌다. 그곳에서의 여유와 휴식과 독서와 토론이 사무치게 그리웠다.

우리도 파리지엔처럼

내가 에펠탑을 싫어하는 이유

다락방에서의 맥주 한 잔

파리에 간다고 했을 때 주변의 많은 사람이 우리를 부러워했다. 그들은 에펠탑이나 모나리자, 개선문, 샹젤리제 같은 파리의 상징물을 볼 수 있겠다며 선망의 눈으로 우리를 바라보았다. 하지만 파리에 온 지 4개월이 넘도록 우리는 에펠탑과 개선문에 가보지 못했다. 정확하게 말하면 가지 않았다. 별로 가보고 싶은 생각이 들지 않았을 뿐더러, 우습게도 Lee와 나는 우리가 관광객이 아니라는 우쭐한 생각에 젖어 있었기에, 그 정도는 마음만 먹으면 언제나 갈 수 있다는 막연한 믿음을 가지고 있었다. 에펠탑은 단지 멀리서 바라보는 것만으로 충분했다. 우리는 주머니 사정을 핑계로 관광보다는 그 돈으로 그냥 맥주 한 잔 마시는 쪽을 선택했다. 우리는 이 복잡 미묘한 감정을 모두 담아 에펠탑을 전봇대라 불렀다.

나는 관광지를 좋아하지 않는다. 사람이 너무 많거니와 그냥 수동적으로 무언가를 바라보기만 하는 느낌이 들기 때문이다. 관광을 하는 것보다 여행지에 사는, 혹은 여행을 하는 사람들을 만나서 그들의 이야기를 전해 들고 또 내 이야기도 전해주는 것을 더 선호한다. 쉽게 말해 세상과 소통하는 것이 더 좋다. 그래서 네팔, 타이, 호주에 갔을 때에도 히말라야나 왕궁, 오페라 하우스를 관광하는 대신 게스트 하우스 직원들과 놀거나 주변의 작은 마을을 돌아다녔다. 그러다 보면 말이 잘 통하지 않더라도 몇 시간은 재밌게 놀 수 있었다. 물론 나중에 관광 명소에 다녀오지 않은 것을 후회할 때도 있었지만, 그래도 관광지에서 얻는 즐거움보다 사람에게서 얻는 소통의 기쁨이 더 크고 감동적이라는 생각은 지금도 변함이 없다. 다 자기 멋대로 사는 것 아니겠는가.

그렇게 내 생각을 고집하며 지내던 어느 날이었다. 우리는 좁은 다락방에서 타국 생활의 고달픔을 맥주로 달래고 있었다. 어둠 속에서 한 줄기 빛이 다락방으로 쏟아져 들어왔다. 에펠탑이 등대처럼 서서 다락방을 비추고 있었다. 아름다웠다. 영화 「반지의 제왕」의 프로도가 꿈속에서 반지의 유혹을 받은 것처럼, 나는 갑자기 에펠탑에게 유혹을 느꼈다. 날이 밝으면 무슨 일이 있어도 꼭 봐야겠다고 생각했다.

"나 내일 전봇대 보러 갈 거야!"

다음 날 오후 실제로 거리로 나섰다. 네 시밖에 안 되었는데 초저녁처럼 어둑어둑했다. 모처럼 관광이라는 것을 해보려고 나왔는데 하늘이 나를 거부하는 것 같았다. 하지만, 날씨는 상관없었다. 나는 센 강가에서 크로키를 하다 에펠탑이 있는 곳으로 걸어가기로 했다. 초여름의 하늘은 흐렸지만 시원한 강바람이 얼굴에 닿아 기분은 좋았다. 주변의 나지막한 건물들이 센 강을 한층 더 분위기 있게 만들어 주고 있었다. 이어폰에서는 이름을 모르는 영국 가수의 노래가 흘러나오고 있었다.

우리도 파리지엔처럼

크로키를 마치고 에펠탑을 향해 걸어갔다. 내가 걷는 이 걸음 하나하나가 다 관광인데 군이 에펠탑을 꼭 봐야 하나, 라는 생각도 들었다. 그냥 맥주나 한 잔 마실까? 소심한 고민을 하며 걷다 보니 오르세 미술관과 앵발리데를 한참을 지나쳤다. 멀리서 에펠탑이 보였다. 에라, 모르겠다. 그냥 가보자!

세상에서 가장 큰 전봇대

에펠탑과 프랑스 군대의 장교를 육성하는 사관학교 에콜 밀리테르(ecole militaire) 사이에는 넓은 잔디밭이 펼쳐져 있다. 이곳이 전쟁 신의 들판이라는 뜻이 있는 샹드마르스 공원이다. 예전에는 사관학교의 연병장으로 사용되던 곳이라는데 지금은 에펠탑과 함께 파리의 명소가 되었다. 다가갈수록 에펠탑은 생각했던 것보다 훨씬 웅장했다. 샹드마르스 공원에서 에펠탑을 향해 걷는 내내 키와 각도를 잘 맞춰 다듬은 나무가 길게 한 줄로 서 있었다. 마치 에펠탑을 호위하는 병사들처럼 보였다. 아니, 나를 마중 나온 병사들처럼 느껴졌다.

나무들의 마중을 받으며 걷다 보니 어느새 눈앞에 에펠탑이 우뚝 서 있다. 크기와 웅장함이 나를 압도했다. 에펠탑에서 눈을 떼지 못하고 탑 바로 아래까지 걸어갔다. 엄청난 철골이 거미줄처럼 얽혀 있다. 위를 올려다보니 내가 처음 상경했을 때 고층 아파트를 보고 층수를 세다가 현기증을 느꼈던 일이 생각났다. 수많은 사람이 에펠탑에 올라가려고 길게 늘어서 있었다. 줄이 까마득했다.

"와! 이 전봇대 진짜 크다!"

다양한 각도에서 본 에펠탑. 파리에 온지 4개월이 돼서야 에펠탑을 보았다. 그 웅장함에 입을
다물지 못했지만, 수직적인 풍경이 이상하게 거부감이 들었다.

우리도 파리지엔처럼

인간이 만든 조형물 때문에 벌어진 입을 다물지 못한 것은 인도의 타지마할을 본 뒤로는 처음이다. 이제야 사람들이 왜 에펠탑에 열광하는지 알 것 같았다. 그런데 이상하게도 그곳에서 빨리 빠져나오고 싶다는 생각이 들었다. 웅장하고 아름답기는 했지만 철골 구조물의 인공미에 답답함이 느껴졌고, 하늘로 곧게 뻗은 권위적인 수직의 구조가 싫었다. 내 눈에는 대도시 고층 빌딩들과 크게 다를 바 없어 보였고, 높이와 규모에서 나오는 힘을 아름다움으로 가장하고 있는 것 같았다. 그리고 무엇보다도 대형 빌딩처럼 하늘을 가려서 싫었다. 멀리서 하늘과 샹드마르스 공원의 숲과 한데 어울려 있는 에펠탑을 보는 게 훨씬 아름다웠다.

"나는 파리를 떠나고 프랑스를 떠났다. 에펠탑은 나를 못 견디도록 권태롭게 만들었다. 도처에서 에펠탑을 바라볼 수 있을 뿐만 아니라, 가는 곳마다 에펠탑을 만나야 하기 때문이다."

세계박람회가 열린 지 1년 뒤에 쓴 책 『방랑생활』(1890)에서 모파상은 파리를 등지고 지중해로 여행을 떠나던 순간의 심경을 이렇게 적고 있다. 에펠탑 앞에 서고 보니 에펠탑으로 상징되는 현대성에 대한 모파상의 환멸이 절절히 느껴졌다. 진짜 파리의 어느 곳에서나 에펠탑이 보이고, 사실 나도 어느 순간 그 사실이 지겹게 느껴지기 시작했다.

에펠탑은 프랑스 혁명 100주년을 기념하기 위해 세웠다. 그 당시 프랑스 정부는 파리지엔과 보수주의 건축가에게 엄청난 반발을 샀다. 철탑이 주는 이질감이 파리의 아름다운 옛 건축물과 어울리지 않는다는 이유 때문이었다. 그렇다면, 에펠탑을 비판하는 나도 보수 꼴통? 에이, 설마?

나는 에펠탑을 벗어나 샹드마르스 공원에 있는 벤치에 앉았다. 그림이 그

리고 싶어졌다. 스케치북에 연필로 선을 끼적거리고 있자니, 꼬마들이 내 주위로 모여들었다. 창피했다. 갑자기 프랑스 과외 선생님이 해준 말이 떠올랐다. 에펠탑 주변에서 불법인지 합법인지는 모르겠지만 돈을 받고 초상화를 그려주는 사람이 많다고. 용돈이 떨어지면 그곳에서 그림을 그리라고 했다. 내 그림을 본 어린애들이 콧방귀를 끼고 어디론가 사라져 버렸다. 언제나 외면받는 내 그림!

멀리서 에펠탑의 조명이 하나 둘 켜지기 시작했다. 빛으로 장식한 에펠탑은 철골 구조물일 때와는 느낌이 달랐다. 어젯밤 우리의 다락방을 등대처럼 비추어 외로움을 달래주던 그 불빛을 나는 한참 바라보았다. 나는 자리에서 일어났다. 맥주가 있는 따바로 가야겠다. 파리지엔들에게 자랑해야지. 나는 오늘, 세상에서 가장 큰 전봇대를 봤다고.

우리도 파리지엔처럼

무임승차로 파리 즐기기

Lee를 울린 파리지엔

에펠탑에 다녀온 뒤, Lee와 나는 시간이 날 때마다 파리의 명소인 개선문, 몽파르나스, 오페라 하우스 등을 찾아다녔다. 그러나 관광을 하려니 돈이 너무 많이 들었다. 우리는 곧 관광을 포기했다. 돈이 없어 관광을 못하는 신세가 되자 자괴감이 들었다. 2층 버스나 센 강의 유람선을 탄 사람들을 보고 있으면 내면의 한구석에서 작은 속삭임이 들렸다. '아! 타고 싶다!' 내면의 다른 한구석에서는 '아니야, 우린 관광객이 아니야!'라고 외치는 소리도 들렸다. 우리는 늘 후자의 속삭임으로 우리를 위로했다. 돈도 돈이었지만 사실 저런 방식의 관광은 우리 스타일이 아니었다. 그때부터 우리는 우리 방식으로, 관광이 아니라 진정으로 여행하는 방법을 궁리하기 시작했다. 거창하게 말하면 대안 여행 방법을 찾아 나선 것이다.

우리가 찾은 대안이 대중교통을 활용해 여행하는 것이었다. 우리는 파리의 시내버스 노선과 지하철 지도를 보면서 파리의 교통수단을 공부하기 시작했다. 그러고 보니 우리 동네 노선버스인 95번 버스와 지하철 12호선을 제외하면 대중교통을 몇 번 타보지 못했다. 우리의 여행을 위해서는 다양한 대중교통 정보를 확보하는 것이 무엇보다 중요했다.

파리의 버스는 한국의 버스보다 상당히 긴 편이다. 한때 서울시에서 운영하다 실패했던 이중 굴절 버스가 파리에서는 시내의 모든 길을 종횡무진 돌아다닌다. 창문을 열고 닫을 수 없어 불편하지만, 그 대신 창문이 매우 넓어서 파리 시내를 둘러보기에는 안성맞춤이었다. 게다가 의자의 쿠션이 좋아 오래 앉아 있어도 편하고, 무엇보다 모양과 색깔이 소박해 정감이 갔다. 설사 좌석이 없는 경우라도 손잡이로 쓸 수 있는 기둥이 여러 개가 배치되어 있어 불편함이 없었다.

버스 가운데 부분에는 노약자나 임산부, 장애인, 그리고 유모차를 위해 좌석을 접이식으로 만들어 놓은 경우가 많았다. 아예 의자를 설치하지 않고 노약자용으로 공간을 둔 버스도 있었다. 둘 다 보호가 필요한 이들을 배려하기 위해 만든 공간이지만 사용하는 사람이 없을 때에는 우리는 이곳을 이용했다. 그 자리를 여유롭게 차지하고 창가에 기대어 파리의 풍경을 보고 있노라면 2층 버스가 부럽지 않았다. 다만, 에어컨이 문제였다. 환경을 생각해서 그런 것인지 운전사 아저씨들은 한여름이 되어도 여간해서는 에어컨을 틀어 주지 않았다. 특이한 것은 땀을 흘리면서도 누구 하나 불평하는 사람이 없다는 사실이었다.

우리가 가장 좋아했던 버스는 72번과 29번이었다. 72번 버스는 센 강 서쪽에서 출발하여 강을 따라 동쪽으로 쭉 올라가는 노선이다. 창밖으로 펼쳐지는 센 강의 아름다움을 즐기고 있노라면 점점 에펠탑이 눈에 들어왔다.

우리도 파리지엔처럼

무임승차로 파리를 즐기던 29번 버스. 시내버스는 파리에서 가장 저렴한 우리만의 관광버스였다.

루브르에서 내려 29번 버스로 갈아타면 이 버스는 마레 지구의 골목길로 우리를 안내했다. 덩치 큰 버스가 작은 골목길을 이리저리 돌아다니는 것도 신기하고, 마레의 독특한 골목 구석구석을 버스를 타고 관람하는 것도 꽤 즐거웠다. 그럴 때마다 파리의 진면목을 발견한 기분이 들었다. 버스 티켓 하나면 그만이었다. 우리는 아무것도 부럽지 않았다.

버스 관광의 또 다른 매력은 파리지엔들 틈에 끼어 그들의 삶을 엿보며 파리의 속살을 느낄 수 있다는 것이다. 정겹게 키스하는 젊은이들, 책을 읽는 할아버지, 업무 때문에 이동하는 직장인들, 장을 보고 집으로 돌아가는 주부들까지, 파리 시민의 소소한 삶을 들여다볼 수 있었다.

한번은 Lee가 스케치북을 들고 29번 버스를 탔다. 그녀는 사람이 많은 앞

쪽을 지나 뒤로 들어가 빈 좌석을 찾았다. 의자에 앉아 한참 파리 풍경을 감상하던 그녀는 자신에게 꽂히는 시선을 느꼈다. 올려다보니 머리가 갈색인 노신사였다. 손잡이를 잡고 서 있는 그의 시선이 그녀의 허벅지에 고정되어 있었다. 뭐야, 이거? 변태 아냐? Lee는 벌떡 일어날 기세로 그를 노려보다가 이내 시선을 거두었다. 주름이 가득한 그의 눈길이 고정된 곳은 Lee의 허벅지가 아니라 허벅지 위에 있던 스케치북이었다. 그는 그림을 배우느냐고 묻고는, 정중하게 작품을 보고 싶다고 말했다. Lee는 잠깐 고민했지만 흔쾌히 응했고, 이내 행복감에 빠져들었다. 노신사는 버스를 타고 가면서 그녀의 스케치북을 감상했다. 그는 종종 Lee에게 설명을 구했다. 그녀 또한 되지도 않는 불어를 열심히 조합해가며 자신의 그림을 설명했다. 노신사는 그가 내릴 정류장이 다가오자 짧게 감사의 인사를 했다. 그리고는 버스에서 내리며 이렇게 덧붙였다.

"열심히 하세요. 그림이 아주 좋습니다."

Lee는 한동안 멍하니 창밖만 바라보았다. 그녀의 눈가에 눈물이 맺혔다. 나이와 국적을 떠나 누군가와 편안하게 그림에 대히 대화를 나눌 수 있다는 것이 얼마나 즐겁고 감동적인 일인가.

문득문득 이런 감동이 찾아오니 실내가 덥고 승객이 만원이라 해도 어떻게 파리의 버스를 외면할 수 있겠는가? 파리지엔의 개인주의가 종종 눈에 거슬리기는 하지만 저 노신사 또한 파리 시민이니 어떻게 우리가 파리지엔을 무작정 싫어할 수 있겠는가? 편안하게 파리를 관광할 수 있는 2층 버스보다 파리지엔의 삶이 녹아 있는 시내버스가 훨씬 우아하고 환상적이지 않은가? 게다가 완전 싸잖아!

우리도 파리지엔처럼

지하철 무임승차

파리에 도착한 지 두 달이 지나갈 무렵 우리는 한 청년 덕분에 지하철을 공짜로 타는 법을 알게 되었다. 파리의 지하철 개찰구는 출구와 입구가 구분되어 있어서, 내린 사람은 출구를, 탈 사람은 입구를 이용해야 한다. 반대로 이용하면 개찰구가 열리지 않는다. 그런데 문제는 출구의 문이 간혹 고장이 나서 양쪽에서 다 열 수 있다는 것이다. 우리가 본 그 청년은 고장 난 출구의 문을 이용해 아무렇지 않게 플랫폼으로 내려갔다. 어찌된 일인지 파리시는 이런 문들을 그냥 방치해두고 있었다. 그 무렵 안 사실이지만 제법 많은 파리지엔들이 그 청년처럼 고장 난 문을 이용해 아무렇지 않게 공짜 지하철을 타고 있었다. 한국과 달리 파리의 지하철은 출구에서 표를 다시 확인하는 절차가 없다. 따라서 승차권을 사지 않았더라도 지하철을 타기만 하면 내리는 데는 아무 문제가 없다.

물론 불법으로 탑승했다가 걸리면 엄청난 벌금을 물어야 하지만 무임승차에 대해 직원들도 크게 신경 쓰지 않는 분위기였다. 내가 파리에 머무는 동안에 승차권을 검사하는 것을 딱 한 번밖에 보지 못했다. 이렇게 허술한데 뭐가 두려우랴? 그때부터 우리는 출구의 문이 고장 난 곳을 발견하면 지도에 표시해 두었다가, 그곳을 이용해 공짜로 지하철을 탔다. 참으로 이상한, 그러나 고마운 파리의 지하철이었다.

파리의 지하철 역사는 100년이 넘는다. 오래된 역은 고풍스럽고, 최근에 생긴 역은 모던하다. 오래된 역 가운데에는 아주 지저분한 곳도 많다. 파리 지하철의 오묘한 냄새는 꽤 유명했다. 하수구 시설이 잘 되어 있지 않아 여름에는 특히 악취가 많이 올라온다. 지하철이 만원일 때에는 악취와 사람

파리의 지하철. 파리의 지하철은 프랑스 사회의 다양성을 아주 잘 보여준다.

의 체취가 뒤섞여 역한 냄새를 풍기기도 한다. 더군다나 파리의 지하철은 무척 비좁다. 사정이 이런데 무슨 구경할 게 있느냐고?

많다. 그것도 아주 많다. 파리의 지하철은 지상과는 또 다른 세계이다. 지하철을 이용하다 보면 또 하나의 파리를 여행하는 듯한 묘한 기분이 들 때가 잦다. 작은 타일을 이어서 붙인 벽과 그 벽에 덕지덕지 붙은 포스터와 어둑어둑한 전등은 지하철을 독특한 지하 세계의 분위기로 만들어준다. 21세기에, 20세기 중반의 어느 시점을 경험하는 듯한 기분이 든다.

가장 흥미로운 것은 지하철 곳곳에서 연주하고 있는 악사들이다. 이 크고 작은 콘서트에 참여하는 것은 우리의 취미 생활이자 나름의 파리 여행 방법이었다. 히피 음악을 하는 가족 단위 오케스트라, 플루트를 부는 음대생, 눈물을 흘리며 기타를 치는 흑인 청년, 아카펠라 그룹과 칠레 음악 연주자까지, 세상의 모든 음악이 모였다고 해도 과언이 아니었다.

우리도 파리지엔처럼

가끔은 마이크 하나만 들고 어설픈 랩을 구사하는 청소년들을 만나기도 했다. 그들에게는 세상의 규칙이나 대중성 따위는 아무 문제가 되지 않는 듯했다. 화장실 낙서에서나 볼 법한 욕설들이 마구 튀어나오는 콘서트였지만, 그것은 파리의 지상에서는 들을 수 없는 음악이었다.

자유로운 그들의 음악을 들으면 저절로 자유로워졌다. 권력, 명예, 자본, 탐욕의 지상에서 벗어나, 어둠이 스며 있는 지하 세계의 자유에 빠져들었다. 우리는 지하철 지도에 역마다 콘서트가 열리는 요일과 밴드의 이름을 체크해 두었다가 종종 그곳으로 가 최고의 관객이 되었다. 관람료는 무료였지만, 우리는 무임승차로 아껴 두었던 돈을 그들의 음악과 열정 앞에 아낌없이 바쳤다.

방브 중고 책 시장

중고 시장에서 보물찾기

정말이지 파리엔 사고 싶은 물건이 널려 있었다. 우리에겐 그 모든 것이 다 가가도 닿을 수 없는 무지개처럼 느껴졌다. 얄팍한 주머니가 원망스러웠다. 그렇다고 손을 놓고 절망한 것은 아니다. 우리는 중고 시장을 돌아다니며 쇼핑의 허기를 달랬다.

중고 시장의 물건은 대량 생산된 기성품과는 근본부터 달랐다. 하나하나가 다 특별해 보였다. 누군가의 손때가 묻은 수제 구두, 오래된 책, 장난감, 옷, 안경 등등 이루 말할 수 없이 다채로운 물건들이 파리의 중고 시장을 빛내주고 있었다.

중고 시장 물건을 더 빛나게 해주는 것은 그것들이 간직하고 있는 깊은 세월이다. 나는 그 세월을 사고 싶었다. 그래서 골동품 시장에 들어서면 주머니를 열지 않을 수가 없었다. 손때에서 느껴지는 세월과 역사가 그 물건을 세상에서 유일한 것으로 만들어주고 있었다.

파리의 거리에서 가장 먼저 눈에 들어오는 것은 멋진 옷과 신발이었지만,

우리도 파리지엔처럼

정작 내 마음을 잡아끄는 것은 그러나 책이었다. 프랑스 최고의 서점인 프낙(fnac, 한국으로 치면 교보문고라고 보면 된다)에 들어서면 그 규모와 다양한 책 때문에 숨을 쉴 수가 없었다. 한국에서 흔히 볼 수 없는 수많은 화집과 사진집, 그리고 예술 관련 서적은 대학 교재비의 몇 배나 되는 높은 가격표를 붙이고 우리의 인내심을 시험했다. 그럴 때마다 우리는 소유의 욕구를 억누르며 중고 책방으로 향했다.

주말에만 열리는 방브 중고 책 시장은 주머니 사정이 여의치 않은 우리에게 최고의 서점이었다. 책 시장은 파리 15구의 조르주 브라상 공원(Parc Ge-orges Brassens) 마당에서 열렸다. 공간이 야외이고 규모도 약 200평 내외로 아담했지만, 파리에서는 꽤 알려진 유명한 책 시장이다. 책을 파는 이들은 대부분 파리지엔이다. 그들은 판매를 목적으로 하기보다는 자신이 그곳에 있다는 사실을 즐기는 것처럼 보였다. 수많은 가판을 구석구석 돌아다니다 보면 파리의 책이 다 모인 게 아닌가 할 정도로 종류가 다양했다. 만화책, 사진집, 잡지, 동화책, 미술 서적, 비틀스의 LP판에 이슬람 경전 코란까지, 정말이지 없는 게 없었다. 젊었을 때 주고받았던 연예편지까지 판매하는 이도 있었다. 그 많은 책 가운데 사진집과 미술 서적은 언제나 우리를 즐겁게 했다. 대부분은 가격이 일반 서점 1/3 정도였고, 신간도 말만 잘하면 깎아 주기도 했다. 그곳은 우리의 재래시장처럼 사람 사는 냄새가 물씬 풍겼다.

예술이 태권도를 만났을 때

우리는 쇼핑을 시작하기 전에 가판대들을 한 바퀴 휘익 돌아보았다. 무슨 책들이 있나 탐색도 하고 마음에 드는 책이 있으면 미리 흥정 준비를 하기 위해서였다. 그리고는 대부분 미리 점찍어 둔 미술 서적을 파는 곳으로 갔다.

방브에 자주 가다 보니 단골 가게도 생겼다. 그 가게의 주인은 한 십 년 전 중국 청년 보챙과 한국의 TV에 자주 나와 인기를 끌었던 유럽 청년 부르노처럼 생긴 젊은이였다. 우리는 그에게 부르노가 출연했던 한국의 텔레비전 프로그램에 대해 이야기를 해주며 그와 친해졌다. 그 덕에 아주 저렴한 가격으로 책을 살 수 있었다. 처음 그의 가게에 갔던 날, 우리는 미인계를 써서 책을 아주 싸게 샀다.

"Lee! 네가 계산해. 그리고 많이 깎아 달라 그래."

"여기서 뭘 더 깎아? 꼭 이런 건 나 시키더라."

"봐봐. 남자가 담배 좀 얻으려 하면 한 개비 주지만, 여자가 얻으려 하면 두 개비를 주는 것과 같은 이치야. 이건 진리라고!"

결국 Lee는 나의 엉터리 이론에 떠밀려 부르노를 닮은 프랑스 청년에게 말을 걸었다.

"Bon Jour~. 으음, 이거 너무 비싸요."

사실 비싸다고 말하기도 염치없는 가격이었다.

"2유로 깎아 줄게. 15유로만 줘."

훈훈한 생김새의 청년은 마음씨도 훈훈했다.

"Merci!"

책을 건네주며 청년이 말을 걸었다.

"한국? 일본?"

프랑스인은 동양인을 만나면 일본이나 중국에서 왔느냐고 묻는 것이 대부

우리도 파리지엔처럼

방브의 중고 책 시장. 음반, 화집, 잡지, 심지어는 타인의 연애편지까지 살 수 있다.

분인데, 그가 한국인이냐고 물어와 기뻤다.

"한국."

"나 태권도 배워. 검은 띠야."

그가 또박또박 서툰 한국말로 태권도와 검은 띠를 말했다. 우리는 깜짝 놀랐다. 그리고 무척 반가웠다.

"태권도를 배운지는 2년 정도 됐어. 한국 사람은 처음 만났어. 아주 기뻐. 너희도 태권도를 할 줄 알겠지?"

"아, 그거 배워 본 적 없는데."

너무 반가워하는 그에게 Lee가 눈치 없이 그만 찬물을 끼얹어 버렸다.

"한국 사람은 태권도를 하지 않아?"

"아, 그렇지는 않아, 대부분 아이들이 많이 배워. 군대에 가면 의무적으로 배우고."

나의 대답에 그가 실망스러운 표정을 지었다.

"관광 온 거야? 아니면 학생?"

"어? (이게 제일 곤란한 질문이다.) 학생이야. 그림 그리려고."

"그림? 난 그림을 잘 몰라서……"

미술 서적을 파는 그가 그림을 모르다니. 예술을 모르는 프랑스 청년과 한국에서 왔으나 태권도를 할 줄 모르는 우리. 잘 설명이 되지 않지만 그러면 또 어떤가. 이렇든 저렇든 우리는 서로 안부를 묻는 친구 사이가 된 것을. 방브 헌 책방은 새것이 최고라는 현대사회의 소비 개념을 깨는 매력이 있었다. 게다가 가격도 저렴하고 흥정의 재미까지 덤으로 경험할 수 있으니 우리에게는 이보다 더 좋을 수가 없었다. 방브에서 돌아오면 서귀포의 재

우리도 파리지엔처럼

래시장이 생각났다. 파는 물건이 다를 뿐 쇼핑하면서 느끼는 즐거움은 방
브나 서귀포나 비슷비슷했다. 소박하고, 부담이 없고, 사람 냄새 나고, 그
래서 이웃처럼 정을 나눌 수 있고……

골목길, 오늘과 어제의 대화

곡선의 아름다움에 대하여

왠지, 직선으로 곧게 뻗은 대로를 보면 권력이 느껴진다. 그 길이 끝나는 곳에 권력 기관이 버티고 서서 도시를 내려다보고 있을 것 같은 생각이 든다. 실제로도 그렇다. 세종로의 끝에는 중세 권력의 중심인 경복궁과 현재 권력의 핵심인 정부 청사와 청와대가 있지 않은가. 우리나라만 그런 게 아니다. 동서고금에서 직선의 대로는 힘과 권위를 상징해 왔다. 현대에 와서는 여기에 자본이 덧붙여졌다. 이것이 '대로'와 '직선'의 문법이다.

반대로 골목길은 곡선의 아름다움을 품고 있다. 뭔가 엉성하고 갈지자처럼 이리저리 이어지지만, 사람 냄새와 역사의 향기가 풍기는, 참으로 오묘한 매력을 갖고 있다. 파리의 골목길도 마찬가지다. 핏줄처럼 여러 방향으로 뻗어나가다가 문득문득 새로운 공간과 놀라운 풍경을 열어 보여준다. 파리의 골목길을 걷다 보면 다음에는 또 어떤 골목길과 만날까, 그다음엔 어떤 분위기일까, 은근히 궁금해진다. 다듬고 단장하지 않아 투박해 보이지만 그래서 오히려 인간적이고, 어느 골목이든 그 골목만이 간직한 이야기가

우리도 파리지엔처럼

223

파리의 골목길은 제각각 다른 이야기를 품고 있는 듯하다. 특히 작은 골목길에서는
인간미와 시간의 향기가 묻어난다.

있을 것 같은 기대를 하게 해준다. 파리의 골목에서 어떤 이들은 유년기를 보냈을 것이고, 어떤 이는 사랑을 나누고 또 어떤 이는 스치듯 옛 사랑을 만났을 것이다. 파리 골목 기행을 하다 보면 이 낭만의 도시는 작고 다채로운 사연이 오랜 시간 쌓여 형성되었음을 알 수 있다. 그리고 그 사연은 아직 끝난 게 아니다. 지금도 파리지엔들은, 그리고 여행자들은 파리의 골목길에서 쉼표 같은 혹은 느낌표 같은 이야기를 만들어 내고 있으니까.

내가 파리에서 가장 사랑하는 골목길은 라틴 지구가 있는 5구에 있었다. 그 골목길에는 언덕과 돌길이 유난히 많았다. 언덕을 오를수록 그리고 그 돌길을 밟고 안으로 깊숙이 들어갈수록, 세포들이 분열하듯 골목들이 새끼를 치며 퍼져 나갔다. 골목길은 조금씩 다르다. 어떤 골목은 올라갔다 내려가고 그러다가 다시 올라가고 있어서 파도 같았고, 어떤 골목은 중간마다 계단이 있어서 고저장단의 리듬감이 그만이었다. 또 어떤 골목은 너무 한적해서 산책하기에 제격이다 싶었는데 갑자기 인파로 북적이는 광장이 나타나 나를 당황하게 했다.

5구는 파리에서 가장 오래된 구역 가운데 하나이다. 유난히 오래된 건물이 많은 것도 그런 까닭이다. 건물의 벽들은 보수한 흔적이 많다. 오래된 벽돌이 그대로 노출되어 있기도 하다. 창밖으로는 빨래나 화초가 햇살을 받으려고 얼굴을 내밀고 있다. 골목 풍경을 가만히 감상하고 있으면 실루엣이 딱 떨어지는 요즈음 건물에서 느끼지 못하는 즐거움을 경험할 수 있다. 따뜻한 삶의 풍경, 겹겹이 쌓인 세월의 서정, 겸손한 건물이 주는 소박한 아름다움……. 5구의 골목길은 파리의 '오래된 미래'이다.

우리가 5구를 알게 된 것은 따바에서 만난 크리스티나의 강력한 추천 때문

우리도 파리지엔처럼

뤼테스 원형경기장에서 데이트를 즐기는 파리지엔. 원형경기장은 로마 시대부터 내려오는 것으로, 당시엔 파리의 이름이 뤼테스였다고 한다. 로마 시대엔 검투사가 맹수와 목숨을 걸고 싸웠겠지만, 지금은 시민들이 산책도 하고 공놀이도 한다.

이었다. 크리스티나는 여행객들이 모르는 파리의 명소들을 자주 소개해 주었는데, 골목길을 설명할 때는 직접 우리의 지도에 별표까지 그려가며 5구에 대한 애정을 드러냈다. 그녀의 말로는 파리지엔이 가장 좋아하는 곳이 5구라 했다. 에펠탑이나 마레 지구처럼 특별할 것은 없지만 골목과 건물에서 잘 숙성된 파리의 속살을 볼 수 있기 때문이라고 했다.

5구에서 우리가 가장 좋아했던 곳은 뤼테스 원형경기장이다. 이 경기장은 5구에서 꽤 오래된 건축물이다. 로마 시대부터 내려오는 것으로, 2000년 동안 조금씩 허물어지고 훼손되었지만 그래도 둥그런 원형은 제법 잘 보존이 되어 있다. 로마 시대엔 파리의 이름이 뤼테스였다고 한다. 그때의 지명을 따서 경기장 이름으로 삼은 것이다. 특이한 점은 문화재인데도 다른 역사 지구나 관광지처럼 사람들의 출입을 통제하지 않는다는 것이다. 로마 시대엔 「글래디에이터」의 한 장면처럼 검투사가 맹수와 목숨을 걸고 싸웠겠지만 지금은 시민들이 산책도 하고 공놀이도 한다.

기억과 함께 사는 파리지엔

여름이 물러가던 화창한 어느 날, 5구의 골목길을 갔다가 오랜만에 뤼테스에 들렀다. 많은 사람이 여전히 일상의 여유를 즐기고 있었다. 독서를 하거나 축구를 하거나 데이트를 즐기는 파리지엔들. 원형 계단에 앉아 파리지엔의 여유를 부러운 눈으로 바라보고 있는데 마침 앞에 앉아 있던 갈색 머리의 청춘들이 진하게 키스를 하기 시작했다. 이런 장면을 놓칠 내가 아니었다. 침을 흘리며 한참을 바라보고 있는데 Lee가 내 뒤통수를 후려쳤다.
"넌 뭘 그렇게 보냐?"
"좋잖아. 우리도 하자."
"미친놈!"
또 한 대 맞았다.
저 커플의 부모도 이곳에서 사랑을 나누었을지도 모른다. 또 다음 세대도 인연을 이어갈 것이다. 과거와 현재가 연결된 파리를 보고 있으면 늘 부럽다. 한 도시는 누군가 혼자서 만드는 것이 아니라 시민들의 삶과 이야기 하나하나가 모여 만들어지는 것이라고 그들이 말하는 것 같았다.
철수도 알고 영희도 알고 옆집 아저씨도 알다시피, 파리의 건물은 너무나도 아름답다. 하지만 외관과 달리 안으로 들어가 직접 생활을 하게 되면 불

우리도 파리지엔처럼

편한 점이 한둘이 아니다. 계속 보수를 하면서 사용하기는 하지만 구조를 크게 바꾸기가 어렵기 때문이다. 계단과 통로는 비좁고 엘리베이터는 거의 없다. 있다고 해도 속도가 느릴뿐더러 잘 사용하지도 않는다.

파리의 옛 건물은 대부분 석조로 이루어져 있기에 여름철에 시원한 편이다. 그러나 불볕더위가 기승을 부리는 한여름엔 거의 무방비 상태가 된다. 우리나라 같으면 에어컨을 들여놓으면 되겠지만 파리에서는 이마저도 여의치가 않다. 실외기 설치 문제 때문에 이웃의 동의도 받아야 하고, 구청의 허가도 받아야 한다. 그래서 많은 사람이 선풍기로 여름을 난다. 그런데도 왜 파리지엔들은 여전히 옛 건물을 고수하는 걸까?

몇십 년 전, 수많은 파리지엔이 옛 집의 불편함을 피해 파리 외곽의 현대식 고층 아파트로 터전을 옮긴 적이 있었다. 그러나 그들은 곧 예전의 집으로 다시 돌아오기 시작했다. 관리비가 2배 정도 비싼데다가 살다 보니 고층 아파트는 표정과 이야기가 없는, 거대한 콘크리트 덩어리라는 사실을 깨달은 것이다. 문화와 서정을 향한 엑서더스가 시작되자, 화려함으로 빛나던 현대식 아파트와 주택가는 점차 슬럼화가 진행되었다.

2000년 전의 경기장과 몇백 년을 헤아리는 골목길과 저마다 사연이 스며든 파리의 건물을 보며, 나는 서울을 생각했다. 백제 시대의 토성 안엔 아파트가 그득하고, 서민들의 애환과 삶의 숨결이 새록새록 피어오르던 피맛길은 흔적도 없이 사라지고 있다. 서울은 언제나 공사 중이다. 왜 우리는 이다지도 지독하게 기억을 파괴하는 걸까? 왜 우리는 영혼이 없는 송장 같은 대한민국을 세우려고 하는 걸까? 옛것에 대한 서릿발 같은 외면과 새것에 대한 천박한 집착, 참을 수 없이 가벼운 개발의 욕망은 언제 끝이 나려나.

쇼핑 천국 파리의 이면

폭탄 세일의 유혹

파리에서 쇼핑을 빼버리면 얼마나 지루할까? 특히 스비에 중독된 아니, 소비가 미덕인 요즈음, 쇼핑을 제외하고서는 현대사회를 논할 수 없고, 그 중심에 있는 파리를 이야기할 수 없다. 화려한 샹젤리제 거리의 수많은 명품 옷 가게와 디자이너 숍, 마레 지구의 개성 넘치는 상점들과 샤틀레의 현대적인 쇼핑 거리까지. 정말 눈이 안 돌아갈 수가 없다. 쇼핑이 굳이 나쁘다고 얘기할 수 있을까? 쇼핑을 도덕적으로 비판할 이유는 없다. 인간의 욕망과 자본주의의 절묘한 조합이 만들어낸 소비의 본능, 이것을 어떻게 거부할 수 있겠는가?

프랑스에서는 매년 1월 초와 6월과 7월 즈음에 특이한 TV 뉴스가 하나 뜬다. 파리에 있는 옷 가게와 쇼핑몰들이 대대적인 세일을 시작한다는 기사이다. 세일 기간이 매년 조금씩 다르므로 친절하게도 TV 뉴스에서 이 사실을 알려 주는 것이다. 처음 뉴스를 접했을 땐 그저 황당했다. 처음엔, 언젠가 일본 정부가 경제 불황을 타개할 목적으로 시민들에게 현금처럼 사용할

우리도 파리지엔처럼

수 있는 쿠폰을 지급하여 소비를 권장한 것과 같은 상황인 줄 알았다. 하지만 그건 소비 진작을 위한 뉴스가 아니라 파리만의 특이한 현상이라는 것을 알 수가 있었다. 이 세일은 해마다 연례행사처럼 열리는 일종의 축제와도 같은 것이다. 무려 한 달이 넘게 세일이 계속되는데, 처음에는 정가의 20~50%로 시작해서 끝날 무렵에는 심하게는 90%까지 내려간다. 하지만 막바지에 다다르면 거의 모든 물건이 동나기 때문에 많은 파리지엔은 좋은 물건을 잡으려고 세일 초반을 공략한다.

세일 기간 중에서 가장 재미있는 날은 첫 날이다. 아침이 되면 수많은 파리지엔이 거리로 몰려나와 옷 가게, 쇼핑몰 그리고 백화점 앞에서 장사진을 치는데, 특히 인기 있는 브랜드 매장은 한 시간 이상 줄을 서서 기다려야 겨우 들어갈 수 있다. 20~30대 젊은이들, 40~50대 중년 여성들, 80대 할머니, 멋진 선글라스에 애완견을 데리고 나온 복부인 같은 아줌마, 그리고 유학생과 동양인 관광객까지, 남녀노소 동양인 서양인을 가리지 않고 쇼핑 대열에 합류한다. 거리로 쏟아져 나온 쇼핑객들을 보고 있노라면, 롯데 자이언츠의 프로 야구를 보려고 구름처럼 몰려든 부산의 야구광들이 떠오른다.

파리지엔들의 쇼핑 방법은 우리와 너무 다르다. 매장 직원은 그 어느 누구도 간섭하지 않고 자기 일만 한다. 솔직히 한국의 백화점에서는 매장 직원이 꼬치꼬치 묻고 참견을 하여 영 불편한데 이곳에서는 그런 일은 절대 일어나지 않는다. 파리의 쇼핑객들은 옷을 살피다가 맘에 안 들면 그냥 아무 곳에나 던져 놓는다. 정갈하게 개어 놓거나 걸어놓는 법이 없다. 그들은 그냥 자기 혼자 패션쇼를 한다는 생각으로 쇼핑을 즐기는 것처럼 보였다.

패스트 패션의 민얼굴

파리에 오기 전 우리는 물가에 대해 상당히 겁을 먹고 있었다. 파리에 살면서도 돈을 아껴야 한다는 생각에 쇼핑은 생각조차 하지 못했다. 샹젤리제 거리에서 고가의 명품을 보고는 도대체 우리가 몇 달을 아르바이트 해야 살 수 있는지 따져보기는 했지만, 쇼핑은 여전히 남의 일 같았다. 그런데 명품 숍 앞에는 우리와 같은 동양인들이 늘 장사진을 치고 있었다. 왠지 그들은 부를 상징할 수 있는 무언가를 사려고 서 있는 사람들처럼 보였다.

물론, 우리도 마음껏 쇼핑을 하고 싶었다. 비록 궁핍했지만 그래도 멋진 물건에 목숨을 거는 88만원 세대인지라, 최신 유행 ○이템으로 치장한 파리지엔과 수많은 패션 가게를 보고 있노라면, 쇼핑에의 욕구가 활화산처럼 타올랐다. 그러나 언제나 패션 가게로 들어가는 일은 어렵게만 느껴졌다. 쇼윈도에 걸려 있는 제품들은 모두 샹젤리제의 명품들처럼 값이 비쌀 것 같았기 때문이다. 괜히 사려고 들어갔다가 상처만 입을 것 같아 지레 겁을 먹고 들어갈 엄두를 내지 못했다.

그런데 웬걸? 어느 날 용기를 내어 확인해 보니, 대부분 가격이 한국과 크게 차이가 나지 않았다. 아리송했다. 특히 한국에 진출하기 전이었던 ZARA나 H&M의 가격은 프랑스 물가와 비교하면 너무나 저렴했고, 어떤 것은 오히려 한국의 중저가 의류보다 싸기까지 했다. 그런데도 디자인은 좋았다. 그래서일까? 파리지엔들은 제품을 꼼꼼히 살펴보는 것이 아니라 마치 식품점에서 시장을 보듯 예쁜 옷들을 집어들어 장바구니에 그냥 담고 있었다. 다들 지름신이 강림한 표정으로.

나도 지름신에 의지하여 세일 기간에 청바지와 운동화, 티셔츠를 몇 장 샀

우리도 파리지엔처럼

상젤리제 거리의 루이비통 건물(왼쪽)과 샤넬 매장의 쇼윈도(오른쪽 위). 지름신이 연대하여 강림하는 곳이 바로 파리다.

다. 행복했다. 이렇게 덥석 쇼핑을 하고 나니 그동안 궁상을 떨며 살았던 시간을 보상받은 기분이 들었고, 나도 파리지엔처럼 유행의 선두 주자가 된 듯 기분이 좋았다. 나의 저주받은 몸의 비율은 생각하지도 않은 채 파리에서 쇼핑했다는 그 자체만으로도 간지남이 된 것 같았다. 그러나 시간이 흘러 새 옷이 헌 옷이 되면, 다시 새것에 대한 욕망이 모락모락 피어올랐다. '헌것은 새것으로 교체되어야 마땅하다'라는 광고가 연일 TV에서 흘러나왔고, 가게에서는 매주 신상품을 등장시켜 나의 소비 욕망을 다시 초기 상태로 되돌려 놓았다.

한 달이 지나면 그전에 산 옷은 벌써 과거의 옷이 되어 버렸다. 모든 것이 너무 빠르게 돌아갔다. 사람들은 기호에 맞춰 물건을 구입하는 것이 아니라, 패션 기업이 제시한 유행의 기준 안에 자신의 취향을 맞추어 가는 듯이 보였다. 나도 그랬다. 빠르게 변하는 유행과 거침없이 쏟아내는 물량 앞에서 나의 기호는 보장받기 어려웠다. 단지 기업이 정해놓은 틀 안에서 나의 기호를 만들었을 뿐이다. 인생에서 그랬듯이 패션에서도 나를 찾기란 너무나 어려웠다. 그러다가 문득, 이토록 물가가 비싼 나라에서 왜 이렇게 싼 옷이 폭탄처럼 쏟아지는지 의구심이 들었다. 해답을 찾는 것은 그다지 어렵지 않았다.

옷을 자세히 들여다보니 그 안에 답이 있었다. 옷 대부분은 방글라데시나 캄보디아 같은 동남아시아나 아프리카의 개발도상국에서 수입되고 있었다. 나는 그때까지만 해도 내가 산 옷이 어떻게 만들어지는지 알지 못했고 관심도 두지 않았다. 단지 싼 가격에 흥분했을 뿐 저렴한 가격의 이면을 보지 못했다.

기업의 입장에서는 값싼 노동력으로 원가를 절약하여 최대한의 이익을 얻으면 그만이겠지만, 그 이면을 생각하니 이게 그렇게 단순한 문제가 아니라는 생각이 들었다. 언젠가 세계 최고의 스포츠용품 기업인 나이키의 인도네시아 하청 기업에서 어린 소녀들에게 시간당 15센트를 지급하고 하루 11시간이나 노동을 시켰다는 소식을 접한 적이 있다. 또 얼마 전에는 애플의 아이폰이 중국 노동자들의 고통으로 태어났다는 소식도 들었다. 이 일로 세계 시민이 분노했지만 이런 일이 어디 나이키와 애플의 하청 기업에서만 일어나는 것이겠는가?

나는 제3세계 노동자와 농민의 아픔을 보지 못한 채 글로벌 기업의 커피를 마셨고, 패스트 패션으로 치장한 나를 자랑스러워했다. 나는 쇼핑의 행복에 겨워 가죽 가방을 위해 수많은 동물이 희생되고, 화학 섬유를 생산하기 위하여 하나뿐인 지구를 착취하고, 몇 번 입고 버린 옷들 때문에 수많은 쓰레기가 소리 없이 쌓이고 있다는 사실을 미처 깨닫지 못하고 있었다.

내가 파리의 어느 거리에서 쇼핑의 즐거움에 취해 휘청거리고 있을 때, 아시아의 어느 소녀는 재봉틀 돌리기가 너무 힘들어 숨죽여 울고 있었는지도 모른다. 내가 세계적 기업의 커피 전문점에서 인터넷을 즐기며 에스프레소를 마시는 바로 그 순간, 아프리카의 커피 노동자는 한 끼 값의 품삯을 손에 쥐고 절망하고 있었는지도 모를 일이다. 그렇다면, 나는 자연과 노동을 착취하는 수많은 기업과 무엇이 다르다는 말인가? 가면을 벗은 패션의 민얼굴이 이러한데도, 파리, 너는 여전히 쇼핑의 천국이란 말이더냐?

레게 머리를 하다

상투 머리에서 레게 머리로

나는 남들보다 이마가 넓은 편이다. 지금이야 그냥 내놓고 다니지만 몇 년 전까지만 해도 이마가 드러나는 게 싫어서 앞머리도 가리고 다녔다. 바람 이라도 부는 날에는 신경이 곤두섰다. 소심했던 신입생 시절, 바람에 날려 이마가 살짝 드러나자 친구들은 내게 사기꾼이라는 무서운 단어를 서슴없 이 날렸다. 그 이후로 내 별명은 '평면 와이드 TV'가 되었다. 별명만으로 도 내 이마가 얼마나 넓은지 상상할 수 있을 것이다. 콤플렉스를 가리려고 나는 언제나 머리를 기르고 다녔다.

중·고등학교 시절 나는 내 의지와는 상관없이 까까머리를 하고 다녀야 했 다. 공부에 지장을 준다는 이유로, 또 학생다워야 한다는 이유로(근데 학생 다운 게 뭐지?), 신체의 자유를 저당 잡혀야 했다. 조선 말기의 단발령과 다를 게 없었다. 나는 중·고등학교 시절의 졸업 사진 보는 것을 요즘 성형 연예인들이 자신의 과거 사진을 들추어내는 것만큼이나 싫어했다.

파리에서 생활한 지 6개월이 지나자 머리가 너무 길어졌다. 파리에 오기

우리도 파리지엔처럼

전 형이 나에게 했던 말이 생각났다.

"절대 머리를 기르지 마라. 외국에서 머리를 기르는 동양인은 두 가지로 분류된다. 하나는 중국인, 나머지 하나는 불법 체류자."

거울에 비친 내 얼굴이 딱 그 신세였다. 며칠 전 길거리에서 만났던 중국인들이 내게 중국말로 길을 물었던 사건이 스쳐 지나갔다. 그들은 나를 중국인으로 알았던 것이다.

머리 모양을 바꾸기로 했다. 이마를 드러내기로 했다. 이왕 하는 김에 나의 이마에게 자신감과 자유를 찾아주고 싶었다. 이마를 노출하기로 하고 나서, 여성들이 한국에서는 남의 시선 때문에 시도하지 못했던 노출 패션을 국외여행을 가서는 과감하게 즐기는 이유를 이해할 수 있게 되었다. Lee만 봐도 그랬다. 한국에서는 그런 적이 없었는데 파리에서는 브래지어 끈을 서슴지 않고 드러내 놓고 다녔다. 처음에는 조금 당황이 되었는데 며칠이 지나자 이내 일상처럼 자연스러워졌다. 우리는 표현의 자유를 알게 모르게 억압하고 또 억압받으며 살아왔다는 사실을 프랑스에 와서 한 번 더 깨달았다.

평소 해보고 싶었던 헤어스타일은 두 가지였다. 하나는 상투 머리였고, 또 하나는 나의 영웅 밥 말리가 즐겼던 드레 드록스(dreadlocks) 스타일이었다. 먼저 돈이 들지 않는 상투 머리에 도전했다. 그런데 머리를 틀어 올리고 나니 도저히 내 얼굴을 똑바로 볼 수 없었다. 거울을 보는 것이 두렵기까지 했다.

선택의 여지가 없었다. 과감하게 드레 드록스 머리를 하기로 했다. 헤나토가 샤토도(chateau d'eau) 지하철 역 부근에 가면 흑인 머리 전문 미용실

이 몰려 있다고 알려주었다. Lee와 나는 파리 북동쪽에 있는 샤토도로 향했다. 그날따라 하늘이 유난히 파래서 기분이 상쾌했다. 지하철에서 지상으로 연결된 계단을 오르던 나는 깜짝 놀라 그 자리에 망부석처럼 서버리고 말았다. 파란 하늘과 계단을 오르내리는 검은 실루엣이 선명하게 대조를 이루는 장면이 시선 속으로 밀려들었다. 처음엔 그냥 색 대비가 극대화된 하나의 이미지였다. 그러다가 그 둘이 분리되면서 따로따로 보였다. 저 숱한 흑인들. 난생처음 보는 광경이었다. 순간적으로 몸을 움츠렸다. 무섭다는 생각이 스쳐 지나갔다. 헤어스타일 하나 바꾸는 것도 나에게는 도전이었다.

지상으로 올라오고 나서도 상황은 마찬가지였다. 걸음을 옮길 때마다 흑인들이 다가와 명함을 내밀며 호객을 했다. 몇몇은 계속해서 무어라 떠들어대며 따라왔다. 우리는 아무 대꾸도 하지 않은 채 앞만 보고 걸었다. 잠시 후 어느 골목길로 들어서고 나서 정신을 차리고 주변을 둘러보았다. 그곳은 파리가 아니었다. 아프리카의 어느 도시가 틀림없었다. 하지만, 저 멀리 지하철역 입구에 쓰인 샤토도(chateau d'eau)라는 글자가 이곳이 우리가 찾던 곳임을 정확하게 말해주고 있었다.

흑인과 흥정을 하다

몇 분을 걸었다. 사람들 대부분이 흑인이었다. 그들은 삼삼오오 모여 잡담을 하고 있었다. 정확히 알 수는 없었지만 할 일 없이 그냥 거리에 나와 서성이는 것처럼 보였다. 거리 양쪽으로는 흑인 미용실, 네일 아트 숍, 가발 가게들이 가득 들어차 있었다. 가게의 손님 또한 모두 흑인이었다. 유리창

우리도 파리지엔처럼

파리의 작은 아프리카 샤토도에서 발견한 사진 벽보. 흑인에 대한 차별 때문일까? 흑인의 눈빛에 깊은 저항감이 배어 있다.

너머로 본 미용실은 약간 허름하고 투박한 게 영화의 세트장처럼 느껴졌다. 그곳은 우리가 알고 있고, 지금까지 보아 온 파리가 아니었다. 철지난 파리에 아프리카의 야생을 덧칠한, 파리도 아프리카도 아닌 제3의 공간이었다. 샤토도는 시간이 흐를수록 호기심을 자극하는 묘한 힘을 가지고 있었다.

길가의 미용실에서 흑인 한 명이 다가왔다.

"머리 할 거야?"

"응."

어느덧 호객 행위에도 익숙해졌다.

"어떤 머리?"

"밥 말리."

사실은 동양인 특유의 내 직모가 드레 드록스로 변할 수 있을지 의심스러웠다. 하지만 그는 계속해서 '아무 문제없어!'를 연발했다. 이번에는 가격을 물었다.

"120유로."

"너무 비싸. 좀 깎아 줘."

"110유로."

"90유로."

"안 돼. 그렇게는 못해 줘."

"그럼 다른 데로 가지 뭐."

우리가 자리를 뜨려고 하자 그가 다시 가격을 낮췄다

"알았어. 알았어. 90유로."

드디어 흥정에 성공했다. 우리는 그를 따라 미용실 안으로 들어갔다. 벽에는 흑인 머리 사진들이 빼곡히 붙어 있었다. 미용실 분위기 때문일까? 머리를 하러 온 게 아니라 타투 시술을 받으러 온 기분이 들어 자꾸 긴장이 되었다.

호객을 하던 흑인이 인상이 조금 거칠어 보이는 청년 미용사를 데리고 왔다. 그는 나와 Lee의 머리를 만지더니 2층으로 올라가자고 했다. 2층은 1층과 분위기가 완전히 달랐다. 타투 숍 느낌은 온데간데없고, 벽과 바닥이 너무 낡고 실내가 어두운 아주 남루한 곳이었다. 혹시 내가 이상한 곳에 끌려 온 것은 아닌지, 순간적으로 바보 같은 생각이 들었다. 우리가 멍하니 서 있자, 미용사가 한쪽 벽면을 가득 채운 거울 앞에서 우리를 불렀다. 그

우리도 파리지엔처럼

파리 북동쪽에 있는 샤토도의
거리 풍경. 이곳은 파리와
아프리카의 어느 도시를
뒤섞어 놓은 듯 색다른
분위기를 풍긴다. Moon과
Lee는 이곳에서 레게 머리를
했다.

때야 열 명 남짓한 흑인이 머리를 하는 광경이 거울을 통해 들어왔다. 그들은 동양인 남녀를 동물원 원숭이 보듯 시선을 떼지 못하고 바라보았다. 생각해 보면 당황한 것은 내가 아니라 그들이었던 것 같기도 하다.

젊은 미용사는 거침없이 내 머리칼을 꼬기 시작했다. 한 시간이 지나고 두 시간이 지났다. 그의 얼굴이 점점 굳어지고 있었다. 아무리 꼬아도 내 머리카락은 원래의 모습으로 되돌아왔다. 그는 더욱 힘을 줘 다시 꼬기 시작했다. 더불어 나의 두피가 받는 고통도 갈수록 커졌다. 나의 머리칼은 심각한 직모였다. 그는 머리를 꼬는 동안 감정을 추스르기 어려웠는지 맥주를 벌컥벌컥 마셨다. 그리고 6시간이 지나서야 내 머리는 완성되었다.

직모 머리의 슬픔

내 모습을 거울에 비춰 보았다. 얼핏 중학교 때의 까까머리처럼 보였다. 거울 가까이 다가가 자세히 보니 송곳 모양의 머리카락 뭉치들이 고슴도치 털처럼 뾰족뾰족하게 서 있었다. 게다가 구레나룻은 번개 맞은 듯 길게 뻗어 있었고, 운동장만한 이마가 환하게 빛을 내며 미용실 안을 밝혀주고 있었다.

당황하였다. 그리고 창피했다. 당장에라도 남극으로 도망가 버리고 싶었고, 큰 소리로 통곡하며 울고 싶었다. 내가 원한 머리는 밥 말리처럼 긴 드레 드록스 머리였다. 미용사에게 '밥 말리'를 외치면서 내가 아는 불어를 모두 동원하여 설명했다. 그러자 그가 한마디 했다.

"넌 그렇게 안 돼. 머리카락이 짧아서."

이런 씨바! 이제야 말하면 어떻게 하란 말이야. 나는 이렇게는 돌아다닐 수 없으니 가짜 머리라도 붙여 달라고 강력하게 요구했다. 그러나 그는 기력을 다 소진해 버렸는지, 붙임 머리를 만드는 방법만 가르쳐 주었다. 그리고 내 모습이 황당했는지 한참을 웃으며 앉아 있다가, Lee를 바라보며 예의상 한마디 건넸다.

"너도 할 거야?"

그는 '너는 제발 하지 마라'라는 간절한 눈빛으로 Lee를 바라보았다. 미용

우리도 파리지엔처럼

드디어 레게 머리로 변신했다. 그러나
머리카락이 직모이어서 완벽한 변신에는
실패했다.

사의 기대와 달리 Lee는 당연하다는 듯 'oui'하고 힘차게 외치고는 낡은
의자에 앉았다. 그러자 미용실에 있던 손님들이 돌아가는 상황이 재미있다
는 듯 소리 내어 웃기 시작했다. 미용사만 난감한 표정을 지었다. 어쩔 줄
몰라 하는 그가 점점 귀여워지기 시작했다. 미용실 분위기 때문에 나의 마
음도 어느덧 안정을 되찾아 가고 있었다. 나는 옆에 앉아서 흑인 미용사가
Lee의 머리와 사투를 벌이는 모습을 재미있게 관람했다.
흑인 미용실을 찾은 동양인이 신기했는지 올 블랙 패션으로 한껏 멋을 낸
청년이 내 옆으로 다가와 앉았다.
"너 라오스 사람이니? 아님 베트남?"
"한국인데."

"한국은 어디 있는 나라야?"

그와 그의 친구들 사이에서 한국이란 나라에 대한 추측이 난무하기 시작했다.

"한국이 어디 있는 나라야? 그럼 너는 일하러 온 거야?"

"한국은……. 난 그냥 공부하러 왔어."

더는 설명할 말이 생각이 나지 않았다.

나는 베트남 사람이냐는 질문을 처음 받았다. 파리는 센 강을 중심으로 남쪽 구역과 북쪽 구역으로 나뉜다. 남쪽에는 부유한 파리지엔들이, 북쪽에는 이민자와 노동자 그리고 가난한 유학생들이 주로 살고 있다. 서울의 강남과 강북처럼 말이다. 아마도 이 지역에 동남아 불법 체류자들이 많이 살기 때문에 지레 그렇게 짐작한 것이 아닌가 싶다.

Lee의 머리가 흑인 헤어스타일로 바뀌었다. 창밖은 이미 깊은 밤이었다. 전등 불빛 아래에서 흑인 몇 명이 서성이는 모습이 도였다. 왠지 모를 쓸쓸함이 밀려왔다. 거리의 누추함을 가려주는 밤이 밀려왔지만, 그 짙은 어둠도 흑인 거리에 흐르는 쓸쓸한 서정까지 가려 주지는 못했다. 창밖을 보며, 우리가 레게 머리를 했다고 흑인이 될 수 없는 것처럼 그들도 파리에 살지만 영원히 파리지엔이 될 수 없다는 생각을 했다. 집으로 돌아와서도 마음이 무거웠다. 가로등이 비춰주는 쓸쓸한 흑인 거리가 자꾸 떠올라 새벽이 되도록 잠을 잘 수가 없었다.

우리도 파리지엔처럼

당신들의 사랑만 사랑인가?

세상의 다양한 사랑

파리에 오면 꼭 하고 싶은 일이 몇 가지 있었다. 그 중 하나가 동성애자들을 위한 가게 혹은 클럽에 가보는 것이었다. 내가 동성애자라서? 그건 아니다. 성소수자 세계에 대한 조금 진지한 호기심? 뭐 그런 것이었다.

고등학교 시절 나는 만식이라는 친구와 꽤 친하게 지냈다. 같은 학교에, 같은 미술 학원에 다니고, 집도 불과 3분 거리에 있었기 때문에, 많은 시간을 함께 지냈다. 그러다 보니 내가 게이이며 만식이와 내가 연인 사이라는 장난스러운 소문이 학교 안에 퍼지게 되었다. 친구들은 우리가 지나가면 '연인'이라는 낯 간지러운 별명을 부르며 킥킥거렸다. 처음에는 그냥 그런가 보다 하고 넘어갔는데, 발 없는 괴상한 소문은 점점 퍼져 나가 이웃의 여학교에까지 다다랐다. 나의 추측으로는 그 소문 때문에 학창 시절 여자 친구를 단 한 번도 사귀지 못했던 것 같다. 물론 만식이도 마찬가지였다. 우습게도 이 일로 나는 작은 행동 하나도 조심스러웠다. 지금 생각해 보면 그때 나는 사실이 아니면서도 얼떨결에 사회적 소수자의 삶을 살았던 것 같다.

고등학교를 졸업한 나는 아주 잠깐, 대학생도 재수생도 아닌 백수로 살았다. 세상 어디에도 속할 수 없는 신분이었지만, 감옥 같은 재수 학원에 다니기 전까지 자유를 만끽했다. 처음엔 즐거웠다. 그러나 준비하지도 익숙하지도 않은 자유는 오히려 나에게 무력감을 주기 시작했다. 무기력감을 이겨낼 무언가가 필요했다. 그때 눈에 들어온 것이 우리 동네 한구석에 있는 곧 망할 것 같은 작은 비디오 가게였다. 나는 비디오 가게를 내 집처럼 들락거렸다. 아침이면 비디오 가게로 등교했고, 그 시절 인생에서 가장 많은 영화를 보았다. 길지 않은 시간이었지만 세상에 이렇게 달콤한 인생도 존재할 수 있다는 사실이 즐거웠다. 처음에는 가장 인기 높은 할리우드의 신작을 의무감으로 보았다. 그러나 드라마보다 재미없고, 『이솝우화』만큼의 교훈도 주지 못하고, 게다가 한심하기 짝이 없는 전개 방식이 점점 짜증이 났고, 나중에는 무력감만 더해주었다.

나는 영역을 점차 넓혀 나갔다. 가게 구석에 몰려 있는 빛바랜 비디오까지 섭렵하던 나는 급기야 '19금' 비디오를 발견했다. 오호라! 성인 비디오를 마음대로 볼 수 있다는 것, 그것은 나에게 허락된 또 하나의 자유였다. 20년 동안 넘지 못했던 금기의 벽이 허물어지는 영광의 순간이었다.

그 후로 나는 장르와 내용에 상관없이 닥치는 대로 비디오를 보기 시작했다. 컬트 무비, 예술 영화, 제3세계 영화, 동성애 영화……콜럼버스가 신대륙을 발견했던 것에 뒤지 않는 새로운 세상을, 나는 서귀포의 작은 비디오 가게에서 발견했다. 영화는 나에게 수많은 얘기를 해주었고, 주입식 교육이 굳게 닫아 놓았던 세상으로 향한 수많은 문을 열어 주었다. 특히 사랑이 사람을 얼마나 아름답게 변하게 하는지 일깨워 주었다. 동시에 세상이

우리도 파리지엔처럼

나에게 얼마나 일방적으로 그리고 폭력적으로 사랑을 세뇌시켰는지 알게 되었다.

대상이 누구이든 사랑하는데 이유가 있을까? "너 사랑해도 되냐?" 「로드무비」의 황정민이 울먹이며 연인에게 말한다. 물론 상대역은 남자였다. 가끔 술자리에서 친구들에게 '너 남자랑 키스할 수 있어?'라는 질문을 농담삼아 던진다. 그러면 남자들은 대개 욕을 해대며 핀잔을 준다. 사실 나도 굳이 상상하려 하지 않는다. 하지만, 존중하려고 한다. 동성애는 사랑이 아닌가? 당신들이 하는 사랑만 사랑인가?

몽파르나스의 게이 퍼레이드

눈이 부실 정도로 화사한 여름날의 정오, 하늘이 가을 하늘처럼 높아 보이던 날이었다. 그 하늘을 꽉 채울 수 있을 정도로 많은 사람과 무지개 깃발이 몽파르나스로 모여들었다. 모두 얼굴이 상기되어 보였다. 아니, 상기될 수밖에 없었다.

그날은 1년에 한 번 열리는 동성애자들의 축제인 게이 퍼레이드가 열리는 날이었다. 난생처음 느끼는 열기가 몽파르나스를 휘감고 있었다. 가죽 바지에 망사 셔츠를 입은 게이들이 열심히 키스를 하고 있었고, 상의를 벗고 군복 바지만 입은 레즈비언들은 하늘 높이 북을 울렸다. 식스 팩을 자랑하는 카우보이들, 흰색 망사 스타킹을 신은 흑인 할아버지, 멋지게 드레스를 차려입은 할머니, 영화 「헤드윅」의 주인공 분장을 한 학생에 이르기까지, 수많은 사람이 제 각기 개성을 뽐내지 못해 안달하고 있었다.

길 가운데에서 대형 트럭과 컨테이너들이 행진을 시작했다. 마레 지구의

그들은 왜 파리로 갔을까

몽파르나스에서 열린 게이 퍼레이드의 이모저모. 매년 여름 파리에서는 동성애자, 관광객, 파리지엔이 어울리는 게이 퍼레이드가 열린다.

게이 바 혹은 프랑스 철도, 에어프랑스 같은 곳에서 협찬으로 내놓은 것들이었다. 트럭에서는 지축을 흔들 정도의 굉음을 내며 음악이 뿜어져 나오고 있었다. 트럭 위에서 노래 부르던 게이들은 물 만난 고기처럼 진한 키스를 하기도 하고, 지나가는 사람들에게 콘돔을 눈처럼 뿌려대기도 했다.

어떤 이들은 버스 정류장과 공중전화 부스 위에 올라가 열정적으로 춤을 추었지만, 이날만큼은 그 어떤 제재도 받지 않았다. 많은 레지비언들이 상의를 벗어 던지고 혼신을 다해 춤을 추었다. 보통 때 같으면 눈을 뗄 수 없었을 테지만, 이날만은 그녀들의 행동 하나하나가 자연스러워 보였다. 오히려 그 속에 끼지 못하고 관광객처럼 카메라를 들고 있는 나 자신이 더

우리도 파리지엔처럼

이상해 보였다.

게이 축제는 일방적으로 관람해야 했던 놀이 공원의 퍼레이드나 살인 무기를 자랑하는 군대의 행진이 아니었다. 주(主)도 없고 객(客)도 없는, 사회적 소수도 없고 다수도 없는, 모두를 위한 축제였다. 퍼레이드 참가자들과 수많은 파리 시민들, 관광객들이 서로 뒤엉켜 놀았다. 모든 것을 내려놓고 마음의 눈으로 서로를 바라보았다. 이념이나 편견 따위는 이날 초대받지 못했다. 더욱 재미있는 것은 게이 퍼레이드의 시작을 알리고 맨 앞에서 행진하는 한 남자였다. 그는 파리 시장 베르트랑 들라노에였다. 게이였던 그는 한 방송에서 커밍아웃하며 이렇게 말했다.

"개인의 자유와 평등을 위한 투쟁은 모든 인류를 위한 투쟁과 같다. 다수든 소수든 그들이 한 사회에서 또 하나의 자유를 쟁취할 때마다 사회는 조금 더 확장된 자유를 얻게 된다."

와! 멋있다.

만약에, 만약에 서울시장이 동성애 축제를 선언한다면 어떻게 될까? 성서에 나오는 마리아 막달레나처럼 돌멩이 세례를 받지 않을까 싶기도 하고, 도대체 대한민국에 그런 날이 오기나 할까 싶기도 하다. 생각이 여기에 미치자 갑자기 우울해진다.

게이 퍼레이드가 그러나 다 좋은 건 아니었다. 트럭에서 던져주는 콘돔을 받으려고 이리저리 뛰어다니는 나와 달리, Lee는 매력적인 여성들에게 데이트 제안을 받느라 정신이 없었다. 덕분에 깨달았다. 이놈의 매력은 세상 어딜 가도 몰라주는구나.

나는
혁명에
성공했을까?

그들은 왜 파리로 갔을까
다섯번째 이야기

파리 부촌의 다락방

내 고향의 삼아 아파트

초등학교에 다니던 시절 「천사들의 합창」이라는 어린이용 TV 드라마가 있었다. 이 드라마는 그 시절 외화 시리즈였던 브이, 에이 특공대, 에어 울프, 전격 제로작전 등이 최첨단 장비나 괴물, 영웅을 등장시켜 미국에 대한 환상을 심어 주었던 것에 반해, 멕시코의 한 초등학교에서 일어나는 아이들의 소소한 일상을 다루고 있었다.

어린이 드라마였지만 이야기 안에는 그 시절 내가 알지 못했던 사회학과 역사가 스며들어 있었다. 「천사들의 합창」의 주인공 중에는 고급 주택에 사는 친구가 있었다. 배경이 멕시코였음에도 그 아이는 금발에 백인이었다. 반면 단칸방에 살고 있던 몹시 가난한 친구도 있었다. 그 친구는 꼬불꼬불한 곱슬머리를 가진 흑인이었다. 멕시코 고유의 외모를 가진 친구들도 상당수 있었지만, 그들은 백인만큼 부자가 아니었고, 또 흑인보다 가난하지도 않았다. 그런데 지금도 분명하게 기억하는 것은 그 학교에 다니던 친구들 누구도 부유한 백인 친구 집에 놀러 가지 못했다는 것이다.

지금 생각해 보면 중남미의 슬픈 역사를 한눈에 볼 수 있는 아주 심오한 드라마였다. 그러나 내가 어린 나이에 이 모든 사회적 역사적 현상을 이해하면서 그 드라마를 시청했으리라고는 절대 생각하지 않는다. 단지 그때에는 부잣집 도련님이 타고 다니던 어린이용 자동차가 엄청나게 부러웠을 따름이다.

내가 태어나고 자란 제주도에는 변변한 기업이나 공장이 없다. 대부분 농사를 짓거나 관광업에 종사하며 산다. 동네가 넉넉하지는 않았지만 그냥저냥 살만했고, 특별히 부자라고 불리는 사람도 없었다. 으리으리한 2층 집에 사는 부자들의 생활은 TV에서나 구경할 수 있었다.

그런데 내가 초등학교 고학년이 될 무렵 우리 동네에 수영장과 엘리베이터가 있는 아파트가 등장했다. 삼아 아파트. 그 당시 제주 사람들에게 삼아 아파트는 상당히 파격적인 곳이었다. 그곳에서 나는 난생처음 엘리베이터라는 것을 타봤으니까 말이다.

나는 친구들과 가끔 엘리베이터를 타러 삼아 아파트로 놀러 갔다. 그런데 얼마 뒤 아파트 경비 아저씨가 출입을 제한하기 시작했다. 그 사실을 모르고 친구들과 엘리베이터를 타러 갔다가, 우리는 험한 소리를 듣고 쫓겨나야 했다. 당시 우리 동네 아이들은 아파트에 살던 친구들끼리 모여 아파트 대 아파트로 축구 시합을 했었다. 삼아 아파트의 출입이 어려워져 엘리베이터 놀이를 못하게 되자, 마음이 상한 아이들은 삼아 아파트 아이들과 축구 시합을 벌여 상처 입은 자존심을 회복하려 했다. 그러나 삼아 아파트에 살던 친구들은 어찌 된 일인지 동네에서 노는 모습을 찾아보기 어려웠다. 벼르고 또 별렀으나 축구 시합을 벌일 수조차 없었다. 이것이 내가 최초로 경험한

부자들의 삶이었다. 저 지구 건너편의 이야기였지만 「천사들의 합창」 아이들과 우리가 비슷하다는 생각이 들었다. 나는 삼아 아파트 주변을 지나칠 때마다 그렇게 자기들끼리 놀면 재미없을 거라고 생각했지만, 또 한편으로는 어찌할 수 없는 벽을 느껴 참으로 답답했다.

프랑스를 움직이는 파리 16구

파리에도 세상의 여느 도시처럼 부자들이 모여 사는 동네가 있다. 전통 부촌은 에펠탑을 중심으로 센 강을 끼고 있는 7구이고, 신흥 부촌은 유명한 패션숍과 카페가 많이 있는 부르주아 동네 8구이다. 그러나 파리의 부촌을 상징하는 가장 대표적인 동네는 최고급 옷가게와 고성 같은 저택들이 모여 있는 16구이다. 다양한 미술관, 한국문화원을 비롯한 각국의 문화원과 대사관도 이곳에 모여 있다. 8구와 16구가 만나는 지점인 몽소 공원 부근은 대대로 부자들이 사는 곳이어서 저택의 가치는 돈으로 측정할 수 있는 범위를 벗어나 있다. 대기업 건설회사에서 지은 강남 아파트의 평수를 부의 상징이라 생각하는 한국과는 부의 척도가 많이 달랐다.

여름이 저물 무렵 쉐쉐미디의 다락방 계약 기간이 끝났다. 우리는 파리의 이곳저곳을 떠돌다가 16구까지 진출하게 되었다. 불법 체류자 신분인 우리가 어처구니없게도 파리 최고의 부촌에 둥지를 튼 것이다. 16구 부촌은 20세기 초에 신흥 주택지로 개발된 곳이다. 건물 대부분이 당시 유행했던 우아하고 화려한 아르누보 혹은 네오 클래식 양식이다. 우리가 머물렀던 집은 다른 저택들처럼 대단하게 크거나 화려하지는 않았지만 분위기는 그에 못지않게 고풍스러웠다. 물론 우리의 거처는 그 집의 조그만 다락방이었다.

나는 혁명에 성공했을까?

파리의 부촌인 파리 16구와 8구의 풍경. 가난한 여행자의 상상 범위를 벗어난 이곳은
서울로 치면 성북동이나 한남동, 청담동 같은 곳이다. 프랑스에도 그들만의 리그가 존재
한다. 오른쪽 아래 사진이 몽소 공원이다.

우리는 몽소 공원으로 산책하러 갔다가 돌아오는 길에 박물관처럼 웅장하고 화려한 저택들을 구경하려고 이리저리 기웃거리기도 했다. 그런데 대부분 정원의 나무로 가려져 있어서 제대로 구경할 수가 없었다. 저택들은 세상과 단절된 미지의 세계처럼 느껴졌다. 세상과 격리되어 그들만의 리그를 만들고 싶은 욕망은 이 세상 다른 부자들과 같아 보였다. 프랑스 혁명으로 명목상 계급 사회가 사라진 지 오래지만, 저택들을 보고 있으면 프랑스에도 계급이 완고하게 존재하고 있음을 절실히 느낄 수 있었다. 사실 프랑스 혁명도 부르주아 혁명이라고 하지 않던가.

프랑스의 그랑제콜은 현대판 귀족 엘리트를 배출하는 학교로 유명하다. 프랑스 텔레콤의 미셸 봉 회장, 푸조 자동차의 자크 칼베 회장, 에어프랑스의 크리스티앙 블랑 회장 등이 이곳 출신이며, 그 밖에도 그랑제콜 출신 주요 기업 총수만 2백여명에 이른다. 그뿐이 아니다. 자크 시라크와 지스카르 데스탱 전 대통령을 비롯하여 대부분의 장관과 상하원 의원들도 그랑제콜 출신들이다. 이들은 대부분 고급 주택가에 모여 살면서 그들만의 유대 관계를 유지하고 있다. 그리고 20대가 된 자녀를 그들만의 사교 파티에 데뷔시키기도 한다. 프랑스 왕실이 역사 속으로 사라진 지 200년이 지났건만, 베르사유 궁전 같은 호화로운 영역을 만들고 여전히 그들만의 리그를 구축하고 있는 이유는 무얼까? 프랑스가 자랑스럽게 여기는 평등과 박애는 혹시 사전 속에서만 존재하는 박제된 미덕은 아닐까?

부촌, 그러나 최악의 다락방

부촌의 다락방은 그동안 우리가 살았던 다른 다락방에 비해 시설이 더 좋

나는 혁명에 성공했을까?

고 고급스러우리라 생각할 것이다. 그러나 다락방은 다 거기서 거기였다. 번잡하지 않은 곳에서 산책할 수 있다는 것을 제외하고는, 오히려 거의 모든 게 최악이었다. 가장 불편한 것은 장보기였다. 저렴한 마트를 찾아볼 수 없어, 우리 수준에 맞는 장을 보려면 언제나 지하철을 타거나 한참을 걸어가야 했다.

부대시설 또한 우리가 머물렀던 다락방 가운데 가장 열악했다. 샤워 부스가 제대로 갖춰져 있지 않아서 몸을 씻을 때마다 물이 방 안으로 흘러들까 봐 마음을 졸았다. 쉐쉐미디의 다락방보다 방음 시설 또한 엄청나게 열악해서 밤마다 옆방 커플들이 나누는 열렬한 사랑의 소리를 아주 생생하게 전해들을 수 있었다. 게다가 ㄱ자형의 복도에 다섯 개의 방이 촘촘히 자리 잡고 있었는데, 화장실은 야만적이게도 하나였다. 다섯 개의 방에 사는 사람들이 하나의 화장실을 공동으로 사용하자니 불편하기가 이루 다 말로 표현할 수가 없었다. 16구의 다락방은 과거 이 집에서 일하던 사람들이 살았던 곳이다. 주인은 자신이 부리는 이들에게 인간적 배려 따위는 전혀 생각하지 않은 모양이다.

옆방에 살던 중국인 유학생 커플은 참으로 공중도덕이 없는 사람들이었다. 도대체 화장실에서 뭘 하는지 사용하기만 하면 벽과 변기에 오물을 묻히기 일쑤였다. 이 때문에 다락방 친구들은 중국인 커플을 정말로 싫어했다. 더불어 같은 아시아인이라는 이유로 덩달아 우리까지 미움을 샀다. 이 상황에서 벗어나려면 이사밖에 방법이 없었다. 우리는 매일 밤 이사를 하게 해달라고 간절히 기도했다.

부촌의 다락방이 언제나 나쁜 것만은 아니었다. 생에 한 번 볼까 말까 한 에

파리 8구와 16구 지도. 에펠탑, 개선문, 샹젤리제 거리와 팔레 드 도쿄, 기메 미술관, 파리시립현대 미술관, 그리고 수많은 문화원과 대사관이 이곳에 모여 있다.

257

나는 혁명에 성공했을까?

펠탑을 창 밖으로 내 집 마당 내다보듯이 즐길 수 있었다. 게다가 파리에서 내로라하는 미술관과 각국의 문화원이 몰려 있는 덕분에, 돈 많은 컬렉터라도 된 듯이 고품격 문화생활을 즐기며 살았다.

16구에 머무는 동안 우리와 인사를 나누거나 교류를 하며 지낸 파리지엔은 없었다. 교류는커녕 거리에 아예 사람이 없었다. 어둑어둑해지면 어디선가 좀비가 소리를 지르며 나타날 것 같아 등골이 오싹하기도 했다. 미술관과 호화로운 문화 시설도 삭막한 분위기 때문에 느끼는 우리의 외로움을 치유해 주지는 못했다. 우리에게 위안을 준 사람이 있긴 했었다. 그는 파리지엔인 아니라 키가 작은 동양인 아저씨였다. 그를 만난 곳은 한국문화원이었다.

한국문화원은 한국의 영화, 문학, 미술 등을 접할 수 있어서 파리에 사는 한국인은 물론 한국에 관심이 있는 파리지엔들이 즐겨 찾는다. 우리도 이곳을 종종 찾았는데, 문화를 즐기기 위해서라기보다 파리에서 드물게 에어컨 바람을 쐬며 공짜로 인터넷을 할 수 있기 때문이었다.

그날도 우리는 초강력 에어컨이 나오는 시설 좋은 PC방에 온 기분으로, 문화원의 넓은 로비에 앉아 인터넷 삼매경에 빠져 있었다. 정보의 바다를 헤엄쳐다니다가, 어느 순간 우리를 바라보고 있는 시선을 느꼈다. 옆에 앉은 몸집이 작은 동양계 아저씨였다. 그는 그렇게 우리를 한참 바라보았다. 얼핏 보기에 한국 사람 같았다. 안 되겠다 싶어 우리는 가볍게 한국말로 인사를 했다. 그러자 그는 깊은 미소를 지으며 입을 열었다.

"아, 저는 한국 사람이 아니에요. 베트남 사람입니다."

그때야 우리는 그를 자세히 보았다. 조금 촌스러운 흰색 와이셔츠와 회색 정장 바지, 그리고 2대8로 가르마를 넘긴 헤어스타일이 눈에 들어왔다. 게

다가 돋보기안경을 쓰고 있어서 어쩐지 80년대 분위기가 풍겼다. 우리는 조금 당황했다. 그가 베트남 사람이어서가 아니었다. 타민족 사람을 만나기 어려운 16구에서 동양인을 만났다는 게 그저 놀라웠다. 게다가 외국 여행을 여러 번 다녔지만, 베트남 사람을 만나기는 이번이 처음이었다. 반가워서 뭔가 말하고 싶었지만 무슨 말로 첫 운을 떼어야 할지 떠오르지 않았다.

한국문화원에서 만난 보트 피플

그 순간, 갑자기 그가 웃는 얼굴로 우리의 노트북을 손가락으로 가리키며 말했다.

"Good technology company."

내가 쓰던 노트북은 파란색 로고가 박힌 한국의 글로벌 기업에서 만든 것이었다. 나는 그의 말에 무어라 말해야 할지 난감해서 그저 웃기만 했다. 그는 계속해서 한국의 글로벌 기업에 대해서 이야기했다. 나는 그냥 그를 한국에 관심이 많은 베트남 아저씨로 생각하며 그의 이야기를 들었다. 한국을 부러워하는 것 같기도 했지만 그게 다는 아닌 듯해 보였다

"한국도 예전에는 베트남처럼 가난한 나라였지만 지금은 엄청나게 발전했다는 걸 잘 알고 있어요. 유학생이신가요?"

"아니요. 그냥 그림을 배우고 있습니다."

물음에 답하고 나서 나도 모르게 그의 얼굴을 가만히 바라보았다. 난생처음, 그것도 준비도 없이 베트남 사람을 만나자 생각이 복잡했다.

"아, 그렇군요. 저는 망명자입니다. 베트남전이 한창일 때 이곳으로 왔죠. 혹시 보트피플이라고 아세요?"

나는 혁명에 성공했을까?

어? 읍쓰! 뭐라고 말을 해야 하나. 짧은 시간 내 머릿속에 떠올랐던 갖가지 생각이 순식간에 사라져 버렸다. 그는 조국으로 돌아갈 수 없는 난민이자 망명자였다. 나는 불법 체류자로서 망명자인 그에게 약간의 동질감을 느꼈다. 많은 것을 묻고 싶어졌다. 하지만, 혀에 마취 주사라도 맞은 사람처럼 생각대로 말이 나오지 않았다. 그 앞에서 나는 불법 체류자이기 이전에 한때 그의 나라에 고통과 상처를 안겨준 한국인이기도 했다.

그가 조국을 버리고 머나먼 유럽으로 떠나야만 했던 그 슬픈 상황에 나의 조국이 관련되어 있다는 사실이 괴로웠다. 그런데 그는 마치 역사 선생님처럼 온화한 표정으로 한국군도 베트남 전쟁에 참여했다는 사실을 말했다. 그의 이야기를 듣고 있자니 가시방석에 앉아있는 것처럼 마음이 불편했다. 그에게서 분노나 슬픔 같은 것이 느껴지지 않는 게 그나마 다행이었다. 그는 다정한 미소를 지으며 말을 이어갔다.

"한국도 베트남처럼 일본의 식민지였던 슬픈 역사를 가지고 있다는 걸 알고 있어요. 물론 한국이 베트남전에 참가한 이유가 미국과의 관계 때문이었다는 것도요. 하지만 지금은 이렇게 좋은 노트북을 만드는 경제 대국이 되지 않았습니까? 언젠가는 베트남도 한국처럼 될 거로 생각해요."

노트북이고 뭐고, 부끄러웠다. 고개를 숙일 수밖에 없었다. 우리가 씻을 수 없는 고통의 역사를 안겨준 일본에 바라는 것은 강제병합의 무효를 인정하는 진심 어린 사과이다. 물론 2001년 베트남에게 김대중 대통령이 공식적인 사과를 한 적은 있다. 그러나 베트남 전쟁에서 한국군이 저지른 민간인 학살 같은 일은 여전히 우리가 배울 수 없는, 널리 알려서는 안 되는 역사이다. 약자의 경험을 36년이나 체험한 우리는 그 상처가 얼마나 깊고 쓰라린

지 아주 잘 알고 있다. 그런데도 우리는 일본이 그런 것처럼 부끄러운 역사에 무관심하다. 게다가 우리는 이제 자본의 힘으로 베트남 이주 노동자를 착취하거나, 물론 일부이겠지만 비뚤어진 국제결혼으로 베트남 사람들에게 여전히 고통을 주고 있다. 30년이 지난 지금까지도 반성과 성찰이 없는 우리의 모습이 그들에게는 변하지 않는 괴물처럼 보일 것 같아 걱정되었다.

"죄송합니다. 자세히는 모르지만, 한국인으로서 베트남전쟁은 정말 죄송하게 생각합니다."

"네?"

그가 놀란 눈으로 나를 바라보았다. 그리고 뒤이어 말했다.

"하하하. 괜찮습니다. 제가 시간을 너무 뺏었네요. 미안합니다. 저도 인터넷 하러 가야 할 것 같네요."

일어서서 멀어지는 그의 뒷모습을 오래 바라보았다. 사연은 달랐지만 그도 나도 자유를 찾아 파리로 떠나온 지구인이었다. 16구에서 살면서 처음으로 마음이 따뜻했다.

나는 혁명에 성공했을까?

내가 사랑한 두 개의 미술관

상상력이 넘치는 곳, 팔레 드 도쿄

16구에서 공짜 인터넷을 하려고 즐겨 찾던 곳이 한국문화원 말고 한군데 더 있었다. 미술관 팔레 드 도쿄이다. 내 생각에 팔레 드 도쿄는 파리에서 가장 매력적인 미술관이다. 물론 우리에게는 세계에서 가장 호화로운 PC방이었지만 말이다.

팔레 드 도쿄는 무슨 술집도 아닌데 낮 열두 시에 열고 자정에 문을 닫는다. 그 시간대에 주로 활동하는 우리 같은 한량에게 이만큼 좋은 공간은 없었다. 우리는 할 일 없으면 이곳에서 바게트를 질겅질겅 씹어 먹으면서 인터넷도 하고 미술관 안에 있는 서점에서 책도 읽으며 깊은 밤까지 빈둥빈둥 놀았다. 그런 날이 계속되자 서점 직원이 눈치를 주었지만, 우리는 굴하지 않고 개관 시간이 되면 언제나 힘차게 'bonjour'를 외치며 들어서곤 했다.

팔레 드 도쿄는 시립현대미술관 반대편에 있는데 두 미술관 모두 신고전주의 양식의 건축물이다. 첫인상은 두 미술관이 너무 웅장해서 권위적으로 느껴졌다. 게다가 예측하건대 안으로 들어가면 조용하고 품위 있는 음악이 흐르고 있어 늘 조심스럽게 행동해야 할 것 같았다. 실제로 시립현대미술관은 우리의 예상과 비슷했다. 팔레 드 도쿄도 이와 비슷한 분위기일 거로 생각했다. 그런데 그게 아니었다. 팔레 드 도쿄에 들어서는 순간 처음엔 예상과 빗나가 의아했고, 그다음엔 예상과 빗나가서 오히려 마음에 들었다.

팔레 드 도쿄의 분위기를 한마디로 말하자면 어수선함 그 자체이다. 미술관다운 분위기는 어디로 갔는지 눈을 씻고 찾아도 보이지 않는다. 공사가 덜 끝난 것처럼 콘크리트벽과 벽돌이 모두 노출되어 있다. 천장에는 수많은 전선과 파이프가 제멋대로 뒤엉켜 있는가 하면 화장실벽에는 낙서와 그라피티가 난무하고 있다. 게다가 미술관 1층에는 젊은 파리지엔들에게 인기가 좋은 레스토랑까지 있다. 더욱 재미있는 것은 이 레스토랑엔 음악을 선곡해 틀어주는 디제이가 상주하고 있다는 점이다. 주말이면 패션 감각이 뛰어난 파리지엔들이 늦은 시간까지 모여 문화적 만남을 즐겼다. 옷과 액세서리를 판매하는 가게와 예술 서적을 파는 서점도 있다. 그리고 지하에는 키치적인 테이블과 귀여운 전등이 매달려 있는 카페테리아가 있다. 이런 이유 때문에 전시를 보기 위해서가 아니라 단지 팔레 드 도쿄를 즐기려고 찾는 이들이 많았다. 우리도 이곳이 미술관인지 젊은이들이 좋아하는 쇼핑센터인지 분간이 가지 않을 정도였다.

이런 분위기는 그대로 전시관으로 이어진다. 철재와 콘크리트가 그대로 노출된 모습은 영락없이 보수 공사를 하는 분위기이다. 특이한 것은 분위기가 산만한데도 전시 중인 작품의 이미지를 망치지 않는다는 것이다. 이곳에서는 대부분 무명작가, 제3세계 작가, 아주 재밌고 실험적인 작업을 하는 젊은 작가들의 전시회가 끊이지 않고 열린다. 오르세나 루브르처럼 벽에 그림

팔레 드 도쿄의 카페테리아. 미술관인지
도서관인지 구별되지 않는 복합 문화
공간이다. 파리 16구에서 가장 매력적인
미술관이다.

을 걸어놓는 얌전한 전시는 이곳에서 상상조차 할 수 없다. 그래서 나는 팔
레 드 도쿄가 좋다.

제3세계 출신인 20대 초반의 무명작가가 이곳에서 개인전을 가진 적이 있
었다. 그는 깨진 거울과 캔버스를 이용해 입체 작업을 하는 작가였다. 캔버
스 위에는 흔히 상상하는 이미지는 없었다. 반으로 꺾인 캔버스, 녹아 흘러
내리는 듯한 캔버스, 부서진 채 나뒹구는 검은색 캔버스가 그 큰 전시장을
가득 메우고 있었다. 캔버스들이 널려 있는 어수선한 분위기는 공사장 같은
팔레 드 도쿄와 완벽한 조화를 이루고 있었다. 표준화된 그림, 표준화된 미
술관에 대해 소리 없이 저항하고 있는 듯했다. 자본과 물질 앞에서 개인의
정체성과 다양성이 무시되는 현대사회에 대한 경고로 느껴졌다.

전시는 감동적이었다. 작품 자체가 주는 감동도 감동이지만 기존 질서의 때를 다 빼기도 어려웠을 20대 초반의 작가가 그것으로부터 빠져나와 실험적인 작품을 창조한 도전 정신이 더 감동적이었다. 그리고 제3세계의 무명작가에게 이 넓은 공간을 제공한 미술관에 대해서도 깊은 감동을 받았다. 대개 파리의 미술관에서는 일종의 권위 같은 것이 느껴졌다. 그러나 팔레 드 도쿄에 권위 따위는 없었다. 대신 그곳엔 그보다 몇 배는 더 아름답고 소중한 자유와 상상력이 넘쳐흐르고 있었다. 내가 어찌 이곳을 사랑하지 않을 수 있겠는가! 모든 미술관이 조용하고 깨끗한 흰색의 벽을 가지고 있을 필요는 없다. 미술관은 작품을 위해 그리고 작가와 관객의 소통을 위해 존재하는 공간이 아니던가.

또 하나의 예술, 거리의 그림들

팔레 드 도쿄에 흠뻑 빠져 지내던 어느 날, 이민자와 빈민층이 주로 사는 18구 어딘가에 파리에서 가장 긴 벽화가 있다는 소식을 들었다. 다음 날 이른 아침 Lee와 함께 그곳을 찾아 나섰다. 이 지역은 한국의 유학생과 교민들이 가장 가기 싫어하는 지역이었다. 위험하다는 소리를 워낙 많이 들었지만, 우리는 그 말을 전적으로 믿지는 않았다. 그곳도 분명히 사람이 사는 곳이기에, 그저 호들갑일 거로 생각했다.

18구의 첫인상은 보통 파리의 모습과 크게 다르지 않았다. 벽화를 찾기 전에 동네 구경이나 할 겸 여기저기 기웃거렸다. 돌아다닐수록, 시간이 갈수록, 내가 아는 파리와 다른 분위기가 점점 강하게 느껴졌다. 건물들이 조금 더 낡아 보였고, 가끔 유리가 깨져 비닐로 막은 창도 보였다. 거미줄처럼 얽혀 있는

나는 혁명에 성공했을까?

철도, 파리와 어울리지 않는 회색 콘크리트 공장들이 종종 눈에 띄었다. 가장 다른 점은 백인이 거의 보이지 않고 흑인이나 아랍계 사람이 대부분이라는 것이었다. 파리 시내에서 쉽게 만나던 아시아인 또한 보이지 않았다.

벽화가 있는 곳을 찾아 걸음을 옮겼다. 지하철 마흐카데 프와소니에르(mar-cadet poissonniers)에서 얼마쯤 걸어가자 그림 가득한 긴 벽이 서서히 모습을 드러내기 시작했다. 가까이 가서 보니 그것은 벽화가 아니라 환상적인 그라피티였다. 끝이 보이지 않았다. 100미터가 훨씬 넘는 기다란 콘크리트 벽은 벽화를 위해서가 아니라 무언가를 가리려고 세워진 것이었다. 벽 너머로 작은 공장들이 보였다. 아마도 공장을 가리려고 이렇게 긴 벽을 세운 모양이다.

재밌는 점은 이미 그려진 그라피티 위에 계속해서 다른 그라피티를 그렸다는 것이다. 수많은 이미지 위에 또 다른 이미지가 쌓여 멋진 풍경을 연출하고 있었다. 간혹 욕도 적혀 있었다. 마치 18구에 사는 사람들이 세상에 대한 생각을 이 벽에 풀어놓은 것 같았다.

그라피티는 18구 사람들의 미적 표현력과 욕설과 낙서가 모여 만들어낸, 일종의 아름다운 공공 미술이었다. 그날따라 하늘이 유독 푸르렀는데, 긴 벽화의 배경으로 펼쳐진 하늘이 마치 커다란 캔버스처럼 보였다. 한참 동안 거북이보다 느린 걸음으로 구경을 하다가 문득 벽화를 기록하고 싶다는 생각이 들었다. 나는 카메라를 꺼내 들었다. 열심히 사진을 찍고 있는데 누군가 우리를 지켜보고 있는 느낌이 들었다. 돌아보니 덩치가 아주 큰 흑인이 이상하다는 듯 우리를 바라보고 있었다. 순간 무섭다는 생각이 들어 카메라를 내려놓았다. 소심하긴……. 그리고 보니 그라피티 벽화를 열심히 감상하

파리 18구 마흐카데 프와소니에르 지하철 역 근처에 있는 그라피티 벽화. 벽화는 100미터 넘게 이어진다. 이민자와 빈민층이 주로 사는 18구 사람들의 저항 의식과 자유정신을 담고 있다.

고 있는 것은 우리뿐이었다. 하기야 그들이 보기에는 일상적인 풍경인 것을 잔뜩 흥분한 얼굴로 사진을 찍는 아시아 꼬마가 더 이상하게 보였을 수도 있겠다.

18구의 벽화를 관람하고 난 뒤 파리 곳곳에 있는 거리의 미술관은 우리가 가장 좋아하는 미술관이 되었다. 거리 미술관을 찾아내기는 그리 어려운 일이 아니었다. 길을 걷다 지쳐서 골목에 앉아 쉬고 있으면 여기저기서 수많은 낙서와 그라피티가 눈에 들어왔다. 이보다 멋진 전시회도 없었다. 심지어 둥근 도로 표지판 안에 이미지를 그려 넣어 표지판이 새로운 작품으로 다시 창조된 일도 있었다. 이런 작품은 영국의 이름난 그라피티 예술가인

나는 혁명에 성공했을까?

뱅크시의 작품과 견주어도 손색이 없을 만큼 대단했다.

우리의 불어 실력이 점점 늘어 벽화의 욕설들을 이해하게 되자, 거리 미술관을 관람하는 재미가 더욱 쏠쏠해졌다. 특히 당시 총리였던 빌팽과 강력한 대통령 후보였던 사르코지에 대한 욕설이 가장 많이 눈에 띄었다. 사르코지의 얼굴 이미지에 '복종해라', '일해라', '소비해라'를 새겨 넣은 환상적인 그라피티도 있었고, 'fuck Sarkozy'라고 새겨 넣은 직설적인 낙서도 많았다. 이렇게 욕을 많이 먹다니, 사르코지는 오래 살겠다.

거리의 그라피티들을 직설적이고 공격적이라며 현실을 풍자한 그림으로 보기보다는 단순한 낙서로 깎아내리는 사람도 있었지만, 그렇게 치부해 버리기에는 아주 아름답고 감각적이었다. 아름다움이 그럴듯한 예술 서적과 미술관 안에만 존재하는 것은 아니지 않은가. 소더비나 크리스티 경매에 나오는 몇십 억짜리 작품이 꼭 거리의 벽화보다 낫다고 할 수는 없지 않은가.

거리 미술은 자유로웠다. 거리의 미술가들은 세상이 만든 틀과 기준에 제약받지 않고 자신을 표현하고 있었다. 딱딱한 캔버스나 멋진 미술관을 벗어나, 세상을 도화지 삼아 그린 그림이었다. 그것이 그라피티건 아니면 또 다른 벽화이건 세상이 가르쳐주지 않은 방법으로, 세상을 말하고 비웃고 풍자하고 있으니 이 얼마나 자유롭고 가치전복적인가? 벽화와 길거리 그림은 일종의 공간 혁명처럼 느껴졌다.

거리의 그림은 파리 시민에 의한, 파리 시민을 위한, 파리 시민의 예술이었다. 낙서 같은 그러나 절대 낙서가 아닌 거리 예술은 파리에 또 다른 생기를 불어 넣어주고 있었다. 거리의 예술 덕에 파리의 표정이 더욱 입체적이고 풍부하게 보였다.

프랑스에서 본 한국 예술의 현실

파리가 예술가의 이데아인 이유

미술학도인 나에게 파리는 황홀한 도시였다. 학창 시절 두께가 국·영·수 교과서의 반에도 미치지 못하는 미술 교과서에서 아주 작은 이미지로 존재했던 명화들이, 파리의 미술관에 실제로 존재하고 있었다. 20년 동안 체험하지 못한, 책에서만 배워 오던 예술의 실체가 눈앞에서 펼쳐지고 있었던 것이다. 작은 갤러리부터 세계 최고의 미술관까지, 시도 때도 없이 열리는 다양한 전시회 때문에 정말 미칠 지경이었다. 누군가가 평생 술을 마시지 않는 조건으로, 파리에서 평생 전시 관람을 하며 살게 해준다고 제안해도, 흔쾌히 받아들일 수 있을 것 같았다. 나에게 파리는 플라톤이 말한 이데아의 세계나 다름없었다.

루브르와 오르세와 퐁피두. 특히 이 세 미술관에만 가면 나는 나올 줄을 몰랐다. 그곳에서 본 명화들은 요즘 한창 유행하는 3D 입체 영상보다 더 감동적이었다. 루브르의 고대 그리스 미술과 르네상스 기술, 오르세의 고흐와 모네의 인상주의 작품, 그리고 퐁피두의 폴락과 뒤샹을 비롯한 현대미술에

나는 혁명에 성공했을까?

이르기까지, 우리가 교과서로 배운 작품들은 다 파리에 있었다. 어디 그뿐인가. 로댕 미술관, 들라크루아 미술관, 마르모탕 모네 미술관, 마욜 미술관, 부르델 미술관, 구스타브 모로 미술관, 달리 미술관……. 파리는 언제나 전시로 넘쳐났다.

아프리카와 아시아 미술만을 위한 갤러리도 있었다. 아프리카 미술관과 기메 미술관이 그곳이다. 프랑스 약탈의 역사를 고스란히 보여주는 고약함만 없었다면 이곳도 나를 무척이나 감동시켰을 것이다. 관람하는 내내 씁쓸했지만, 유럽 이외의 예술이 언제나 현재진행형으로 전시 중이라는 사실에 놀라지 않을 수 없었다. 마치 내가 '파리'라는 거대한 박물관에 들어와 있는 기분이었다.

매주 수요일이면 「파리 스코프」라는 조그만 책자가 발행된다. 이 책은 파리에서 일주일 동안 열리는 영화, 콘서트, 뮤지컬, 전시 따위의 모든 문화계 소식을 소개하고 있다. 0.4유로의 아주 착한 가격이지만 정보의 양은 정말 많다. 마치 벼룩 신문의 부동산 매물이나 구인 구직 정보처럼 아주 빼곡히 적혀 있다. 이 책자를 보고 있으면 공연과 전시가 어떻게 이처럼 끊임없이 열릴 수 있는지 정말 궁금했다.

처음 내가 머물렀던 파리 남쪽 외곽 말라코프에는 작은 도서관이 있었다. 그곳에서는 매일 미술 혹은 사진 전시가 열렸고, 일주일에 한 번씩 영화를 상영하거나 피아노 연주회가 열렸다. 처음엔 그저 동네 행사로 생각했다. 그런데 그곳을 찾은 관객들의 열기가 너무 대단해 깜짝 놀랐다. 특히 영화 상영이 있는 날에는 칸 영화제를 방불케 할 정도로 많은 사람이 몰렸다. 이 작은 동네에서도 매일같이 문화 행사가 열리고 있으니 파리는 말해서 무엇하랴? 정말이지 파리는 도시 전체가 미술관이고 박물관 같았다.

예술을 지켜 주는 프랑스 시민들

파리지엔들은 대부분 그들이 좋아하는 작가나 작품이 있었다. 우리가 단골로 가는 따바의 주인아저씨는 달리의 열광적 팬이었다. 그는 달리 팬이 아니랄까 봐 가끔 나의 스케치북을 들여다보며 초현실주의적인 말들로 평가해주었다. 따바 아저씨만 그런 게 아니었다. 스케치북을 들고 다니다가 그림을 보여 달라는 파리지엔을 만난 적도 있다. 길거리에 캔버스를 펼쳐 놓고 창작 삼매경에 빠진 작가와 학생들도 종종 만난다. 미술관에서 하루 종일 엎드려 그림을 그리는 학생이나 직접 명화를 보면서 미술 수업을 받고 있는 학생들을 만나는 일도 파리에서는 그리 특별한 게 아니다. 미술뿐 아니다. 거리나 광장에서 음악가, 행위예술가, 연기자를 만나기는 아주 쉬운 일이다. 예술은 파리지엔들의 생활 속으로 깊숙이 스며들어 있었다. 며칠만 둘러보고도 나는 왜 파리를 예술과 문화의 도시라 말하는지 알 수 있었다. 이것이 파리가 가진 힘이었다. 그 어떤 관광 명소나 건축물보다 이 사실이 더 부러웠다. 정말 부러웠다. 부러워하면 지는 거라는데……

파리에 오기 전 불어 과외 선생에게, 프랑스에서는 예술가들이 일정한 활동을 하면 실업 급여나 연금 같은 복지 혜택을 받을 수 있다는 얘기를 들었다. 처음 그 얘기를 들었을 때 웬 뜬딴지같은 소리냐며 믿지 않았다. 그냥 그 사람의 허풍으로만 생각했다. 그런데 직접 와서 보니 그건 허풍이 아니었다. 프랑스는 예술가들을 위한 사회보장제도를 시행하고 있었다. '엥테르미탕'(공연 예술 분야의 비정규직에게 실업 수당을 보장하는 제도)이라는 제

나는 혁명에 성공했을까?

오랑주리 미술관에서 「모네」의 수련을 감상하고 있는 여자 관람객.

도가 그것이다. 한 예로 영화 분야는 촬영이 있으면 취업, 없으면 실업으로 간주한다. 그래서 1년에 3개월 정도 일했다는 사실을 증명하면 촬영이 없는 기간에는 실업 수당을 받을 수 있다. 아, 정말 대단한 프랑스였다.

나는 예술가는 가난뱅이라는 인식에서 벗어난 적이 없었다. 주변만 돌아봐도 많은 친구가 대학에 입학하는 순간 예술가의 길을 포기하고 취업 준비를 시작했다. 자유롭게 자기를 표현하면서 피카소처럼 멋진 인생을 살 거라고 아무도 생각하지 않았다. 그런데 프랑스에서 예술가는 우리가 생각하는 배고픈 직업이 아니었다. 설령 배가 고프더라도 우리보다는 훨씬 덜 배고픈 직업이라는 것은 분명했다. 대단한 작가가 되지 않아도 그림을 그리면서 살 수 있고, 자기 자신을 끝까지 지킬 수 있다니. 지구에 이런 나라가 있다니……. 2003년엔가 프랑스 정부는 재정 적자를 줄이려고 '엥테르미탕'을 철폐하겠다고 나선 적이 있었다. 당연히 예술가 노조가 들고 일어났다. 놀라운 것은 그다음이었다. 무명 화가는 물론 카트린 드뇌브를 비롯한 유명 여배우까지 문화 예술인의 파업에 동참하기 시작했다. 그뿐만 아니라 거의 모든 프랑스인이 반대하고 나섰다. 목수정의 『뼛속까지 자유롭고 치맛속까지 정치적인』에 이런 내용이 자세히 나와 있다. 그녀에 의하면 프랑스인의 80%가 '엥테르미탕'의 철폐를 반대했다고 한다. 어떻게 프랑스의 문화 예술인들은 국민에게서 이런 전폭적인 지지를 얻어낼 수 있었을까? 어떻게 이런 일이 가능한 것인가? 우리로서는 상상조차 할 수 없는 일이었다.

몇 년 전 밀감 과수원을 하는 농부가 한미 FTA를 반대하려고 서울에 왔다가, 광화문에서 영화 스크린 쿼터 제도를 반대하며 일인 시위를 하는 한 영화배우를 보고, 미국 대기업의 오렌지 주스 광고를 몇 년째 찍는 당신에게 우리가 어떻게 힘을 실어줄 수 있겠느냐고 말한 적이 있다. 또 얼마 전 팝아티스트 낸시랭은 방송에서 자신에게 악플을 단 사람들을 할 일 없는 백수라고 발언해 큰 파문을 일으키기도 했다. 백수. 88만원 세대를 상징하는 슬픈 단어이다. 그러나 한 아티스트에게 백수는 자신에게 악성 댓글이나 다는 보잘것없는 사람으로 비친 것이다. 그의 발언은 우리의 예술이 사회와 관계 맺지 못하고, 사회와 소통하지 못하는 '그들만의 예술'임을 웅변처럼 말해주고 있었다. 우리에게 프랑스 이야기는 목성보다 멀다는 안드로메다 얘기 같았다.

나는 혁명에 성공했을까?

모네의 「수련」을 감상하는 수많은 인파. 파리의 미술관을 빛내주는 것은 다양하면서도 수준 높은 미술품과 그에 못지않게 훌륭한 관객이다.

그들만 예술 하는 대한민국

프랑스 예술가들은 사회적 발언을 서슴지 않는다. 빅토르 위고가 그랬고, 제자르 프로망제와 장뤼크 고다르가 그랬다. 그들은 예술만을 위해서가 아니라 프랑스 시민을 위해 싸웠다. 예술가들은 노숙인과 도시 빈민들이 편히 생활할 수 있는 거처를 만들려고 비어 있는 건물을 점거하는 '스쾃운동'에 참여하기도 했다. 사회와 예술이 긴밀히 유대하며 조화로운 세상을 꿈꾼 것이다. 꼭 사회적인 혹은 정치적인 발언이나 행동이 아니더라도 들라크루아와 제리코 그리고 쿠르베 같은 대가들도 그들의 작품 속에 시대정신을 반영했다. 이런 전통이 프랑스 시민들에게 예술을 '그들만의 예술'이 아니라 모두를 위한 공공 서비스라는 인식을 하게 하였고, 프랑스 국민 사이에 광범위하게 퍼진 이런 인식이 철폐 위기에 빠진 '엥테르미탕'을 지켜낼 수 있는 힘이 되어준 것이다.

사람들은 종종 내게 무슨 일을 하느냐고 묻는다. 그림을 그린다고 하면 "오! 예술가시네요"라고 말하거나 "그럼 돈은 어떻게 벌죠?"라는 질문을 한다. 그런 질문을 받으면 솔직히 당혹스럽다. 프랑스는 저만치 앞서 가는데 우리는 아직도 예술가라고 하면 엉뚱한 짓을 하고 다니는 잉여 인간 취급을 한다. 예술가를 사회와 동떨어진 사람들로 생각하는 것이다. 이런 일을 당할 때마다 우리의 예술이 얼마나 대중과 그리고 우리네 삶과 멀리 떨어져 있는지 실감하게 된다. 대중들이 무지해서 그런 게 아닐 것이다. 그건 아마 예술가들이 자초한 일일 가능성이 크다. 생각해보라. 프랑스의 예술가들이 나치에 저항할 때 우리의 많은 선배는 친일 화가로 나섰다. 피카소가 「한국에서의 학살」을 그릴 때 우리의 선배들은 종군 화가로 나서 전쟁화를 그렸다. 프랑스의 예술가들이 68혁명에 동참했을 때 우리의 선배 화가 대부분은 4.19와 박정희의 유신 독재와 5.18을 외면했다. 이 부끄러운 외면의 전통이 오늘의 한국 예술을 만든 것은 아닐까? 이 부끄러운 외면이 사회로부터 외면받는 한국의 예술가를 만든 것은 아닐까? 문제는 밖이 아니라 안에 있었다. 원인은 사회가 아니라 예술에 있었다. 이것이 현실인데 어느 국민이 영화배우의 싸움에 동참하고, 팝 아티스트의 생각에 응원의 박수를 보내줄 것인가.

물론 우리에게도 자랑할 만한 작가가 있다. 겸재 정선. 그는 요즘으로 치면 한 시대를 주름잡던 스타 작가였다. 그의 그림을 가지려면 당시 한양의 기와집 한 채에 버금가는 돈이 필요했다고 한다. 그럼에도, 그의 그림은 날개 돋친 듯이 팔려나갔다. 당시의 컬렉터들은 요즘처럼 투자나 투기가 아니라

나는 혁명에 성공했을까?

진정성과 예술성을 보고 그림을 샀다. 조선의 정체성과 시대정신을 그들은 갈구했다. 정선이 혼을 담아 진경을 그려내면, 조선의 컬렉터들은 그 가치를 마음을 다해 응원해 주었던 것이다.

그러나 겸재의 정신은 이어지지 못했다. 진정성의 아름다운 잔치는, 시대정신을 향한 감동적인 응원은, 끝났다. 다 그렇다고 말할 수는 없지만, 한쪽에서는 정신을 담기보다 유행과 판매를 먼저 생각하고, 다른 한쪽에서는 생활비에 허덕이다 붓을 놓는다. 다양성도 잃고, 정신도 버렸다. 더욱이 우리의 '엥테르미탕'은 너무 멀리 있다. 예술이 주목받는 시대, 문화의 시대가 열린다고 여기저기서 웅성거리지만, 그건 왠지 남의 일처럼 보인다. 허공 속의 메아리처럼 들린다. 아, 나는 어쩌나. 예술가의 삶도 버거운데, 거기에다 88만원 세대인 나는, 어찌해야 하나. 세상이 무겁고 너무 힘들다.

이별의 서곡, 몸살

Lee가 아프다

어느새 파리도 늦가을을 맞이했다. 날씨만큼이나 우리의 주머니 사정도 추워지고 있었다. 그것은 한국으로 돌아갈 날이 머지않았다는 신호이기도 했다. 게다가 우리의 안식처였던 다락방의 계약 기간도 점점 끝나가고 있었다. 우리는 쉐쉐미디의 다락방 계약 기간이 끝난 후부터 네덜란드를 여행하거나 유학생들이 단기로 세놓는 방을 전전하며 살았다. 그렇게 마음 둘 곳 없이 파리를 떠돌다 보니 몸과 마음이 지쳐가기 시작했다. 뭔가 대안이 필요했다. 우리는 고민 끝에 용을 찾아갔다. 그녀는 파리에서 마사지 숍과 미용실을 같이 운영하고 있는데, 한국으로 가기 전까지만 더블 침대와 세면대가 있는 그의 가게 휴게실에서 머물 수 있도록 해달라고 도움을 청했다.

다행히 용은 흔쾌히 승낙을 했고, 한국행 비행기에 콤을 싣기 전까지 우리는 마사지 숍에서 파리 생활을 정리하기로 했다. 용의 가게는 현대식 주상복합건물의 반지하에 있었는데, 사람이 드나들지 않는 아침과 밤에는 마음 편히 쉴 수 있었다. 하지만, 가게가 문을 여는 시간부터는 온 종일 밖에서

보내야 했다. 낮에 나갔다가 밤마다 파리의 먼지를 뒤집어쓴 채 휴게실로 돌아오는 날이 이어졌다. 처량했다. 더 곤혹스러운 것은 가게에 샤워 시설이 없어 목욕할 수 없다는 것이었다. 그러나 우리의 바퀴벌레 같은 생명력은 샤워하는 방법을 찾아내고야 말았다. 별건 아니었다. 유일한 타일 바닥이었던 세면대 주변에 크고 두꺼운 비닐을 깔고 손으로 물을 받아 샤워했다. 그리고 비닐에 고인 물을 세면대에 버렸다. 웃지 못할 나날이었지만, 그러면서도 이런 찌질한 짓을 언제 또 해보겠느냐며 깔깔거리며 웃고 즐거워했다.

갑자기 추워진 날씨 탓인지, 휴게실에서 지낸 지 며칠이 지나자 Lee의 몸이 안 좋아지기 시작했다. 시간이 지나면 괜찮아지겠지 다독이며 공원에서 햇살을 이불 삼아 시간을 보냈지만, 우리의 간절한 기도에도 불구하고 점점 몸에서 열이 오르기 시작했다. 다행히 주말에는 가게 문을 닫기에 실내에서 쉴 수 있었다. 그러나 Lee의 몸은 호전될 기미를 보이지 않았다. 한국에서 가져온 비상약은 말을 듣지 않았고, 다른 약을 사려고 백방으로 노력했지만, 주말이라 모든 약국은 감옥의 철창처럼 굳게 닫혀 있었다. 마치 우리를 거부하는 것처럼 보였다. 병원에 가야만 할 것 같았다. 하지만 불법 체류자 신분 때문에 엄두가 나지 않았다. 불안한 기운이 엄습했다. 내가 할 수 있는 것은 그러나 젖은 수건을 Lee의 이마에 얹어주며 열이 내리기를 기다리는 것밖에 없었다. 이때 처음으로 법으로, 아니 그 무엇으로도 보호받을 수·없는 불법 체류자 신분이 무엇인지 뼈저리게 느꼈다. 망명자도 아니고 유학생도 아닌 그저 난민과도 같은 삶을 살고 있는 불법 체류자. 불안했다. 무슨 일이 일어난다고 해도 우리를 보호해줄 어떤 법이나 제도도 파리엔 없었다.

방법을 찾는다면 우리의 신분을 밝히고 병원에 가서 사정을 해보는 것이었지만 실현 가능성이 없을 것 같아 시도조차 하지 않았다. 그때 Lee가 힘이라고는 전혀 없는 목소리로 말했다.

"나 영화 한 편 보면 좋아질 것 같아."

그녀의 말에 갑자기 웃음이 나왔다. 그러고 보니 파리에 와서 극장에도 가고, TV에서 내보내는 영화를 보기도 했지만, 둘 다 너무 오래전 일이었다.

불법 체류자의 비애

영화 한 편으로 Lee가 나을 수 있을까? 정말 그랬으면 좋겠다고 간절히 소망하며 밖으로 나왔다. 비디오 가게나 영화 DVD를 살 수 있는 곳을 찾아보기로 했다. 주말인데도 다행히 문을 연 DVD 가게가 있었다. 반지하에 있는 작은 가게였는데, 파란색 벽에 많은 양의 영화 DVD가 서점의 책처럼 진열되어 있었다.

가게 안을 돌아다니며 Lee가 보고 싶다는 「퐁네프의 연인들」을 찾기 시작했다. 짧은 불어 실력으로 제목을 일일이 확인하며 영화를 찾기는 쉬운 일이 아니었다. 사전에서 불어 단어를 찾을 때처럼 더디고 지루했다. 그러다 구석진 코너에서 흰색 바탕에 'Les Amants Du Pont-Neuf'라고 적혀 있는 검정 글자를 찾아냈다. 앗싸! 너무 기쁜 나머지 나도 모르게 주먹이 쥐어졌다. DVD 표면엔 한 커플이 손을 잡고 원 안에서 돌고 있는 크로키가 그려져 있었다.

아주 오래전에 보았던 주인공들이 생각났다. 화가였으나 점점 시력을 잃어가면서 모든 것을 포기하고 걸인처럼 거리에서 살아가는 미셸과 그녀를 사

나는 혁명에 성공했을까?

영화 「퐁네프의 연인들」을 재구성한 일러스트. 영화의 주인공처럼 우리도 그랬다. 열정과 순수함을 밑천 삼아 그림을 그리며 살고 싶었기에 경쟁을 강요하여 대부분을 패배자로 만드는 한국 사회와 화해할 수 없었다.

랑한 곡예사 알렉스. 그들은 공사 중이라 세상과 차단된 센 강의 퐁네프 다리에서 처절하지만 행복하게 '그들만의 삶'을 살고 있었다. 세상과 격리된 채 미완의 공간에서 살면서도 행복할 수 있었던 이유는 무엇일까? 열정과 순수함을 지키기 위해서는 세상과 화합할 수 없었을 것이다. 그들만의 세상이 간절히 필요했기에 미셸과 알렉스는 공사 중인 퐁네프 다리에서도 행복했다.

퐁네프의 연인들처럼 우리도 그랬다. 열정과 순수한 마음으로 그림을 그리며 살아가고 싶었기에 경쟁과 타협을 요구하는 한국 사회와 화합할 수 없었다. 그래서 퐁네프가 있는 머나먼 도시 파리로 왔다. 그런데 곧 이 도시를 떠나야 한다.

나는 DVD를 들고 계산대로 갔다. 파리에 온 지 한참이 되었건만 이런 곳에서 DVD를 대여하는 것은 처음이었다. 불법 체류자 신분이라서 긴장이 되었다. 살며시 가슴이 뛰기 시작했다. 인사를 하고 침착하게 말을 꺼내려 하는데 파란색 유니폼을 입은 안경 낀 청년이 먼저 말을 했다.

"안녕하세요. 신분증 좀 보여주세요."

내 눈꺼풀이 순식간에 몇 번이나 깜빡이고 있는지 고스란히 느껴졌다. 정말 당황했다. 그는 DVD를 대여해주려고 신분증을 요구한 것일 뿐이다. 태연한 척하려 애썼지만 심장이 격렬하게 요동쳤다. 나는 못 들은 척했다.

"네?"

"처음 아닌가요? 신분증이요."

빨리 그곳에서 벗어나고 싶었다. 왠지 조금 있으면 경찰이 나를 잡으러 들이닥칠 것만 같았다. 하지만, 그냥 나가면 더 이상해 할 것 같았다.

나는 혁명에 성공했을까?

"아, 제가 깜빡하고 안 가지고 나왔네요. 혹시 지하철 카드에 적힌 주소로는 안 될까요?"

"죄송하지만 안 됩니다."

다음에 가지고 오겠다는 인사를 하고 그곳을 허겁지겁 빠져나왔다. 서글펐다. 세상이 만들어 놓은 유치한 법 때문에 DVD를 빌릴 수 없다는 사실이 나를 슬프게 했다. 합법과 불법 사이의 엄청난 간극을 우리는 이렇듯 늘 일상에서 처절하게 체험했다.

용의 가게로 돌아와 보니 Lee는 곤히 잠들어 있었다. 이마에 손을 올려 보았다. 열이 조금 내려가 있었다. 천만다행이었다. 나는 그 옆에 살며시 누워 눈을 감았다. 이제 한국으로 돌아갈 때가 된 것 같았다. 파리에서 지낸 하루하루가 스쳐 지나갔다. 꿈처럼 여겨졌다. 그 꿈들이 눈물로 변해 내 눈가에 고이고 있었다. 나도 열이 날 것 같았다. 걱정스러워 이마를 손으로 짚으려는데, 갑자기 홍주가 생각났다. 홍주는 프랑스로 유학을 왔지만 프랑스 우체국의 안일한 행정 때문에 합격 통보를 늦게 받는 바람에 대학에 등록하지 못해 그냥 한국으로 돌아간 나의 고향 친구다. 나는 한국으로 떠나는 그녀에게 프랑스에 대해 어떻게 생각하느냐고 물어본 적이 있었다. 그녀는 한참을 말을 잇지 못하다가 툭 한마디를 던졌다.

"짝사랑이었지."

이별, 그리고 눈물

그래, 이것은 감기 혹은 열병이 아니었다. 이제는 추억이 된, 학창 시절 죽어도 좋을 만큼 행복하게 앓던 짝사랑 같은 것이다. 파리를 향한 마음은 모

두 짝사랑이었다. 우리가 마치 파리지엔처럼 살았다 하여도 그것은 그저 일 방적인 생각이었다. 우리가 만났던 수많은 사람도, 아름다운 장소도, 그리고 파리가 우리에게 보여주었던 평등·자유·저항·사랑의 가치들도 모두 대답 없는 사랑이었다. 이제 우리는 이 모든 것을 두고 떠나야 한다. 우리가 떠나도 파리는 그대로일 것이다. 우리만 파리를 그리워할 것이다. 그래도 상관없다. 우리는 언제까지나 파리에서 느꼈던 모든 것들을 가슴이 시리도록 그리워할 것이다. 그것 때문에 꿈과 희망을 안고 살아갈 수 있을 테니까. 그리고 파리가 보여준 수많은 가치를 수많은 사람과 공유할 수 있을 테니까. 말은 이렇게 하지만 그래도 가슴이 시렸다.

며칠 뒤, 우리는 한국으로 돌아가려고 짐을 싸고 있었다. 처음에 가지고 온 초록색 수트케이스와 회색 배낭이 여러 번 이사해 너덜너덜해져 있었다. 게다가 파리에 도착했을 때보다 짐이 너무 많아져 배낭이 터질 것 같았다. 수트케이스의 지퍼 또한 말을 안 들어 겨우 닫을 수 있었다. 배낭과 수트케이스를 보고 있자니 왠지 우리를 보는 기분이 들었다. 우리도 겉모습은 꼬질 꼬질하지만 마음만은 무한대로 늘어나 있었으니까.

그래도 버릴 것은 버려야 했다. 그래, 마음만 가져가면 되지. 다시 배낭을 풀었지만 사소한 것도 쉽게 버릴 수 없었다. 한국에서 가지고 온 옷과 신발, 모자 같은 것들만 버리기로 했다. 그래도 짐이 줄지 않았다. 걱정이 밀려들었다.

아주 흐린 주말 오전이었다. 회색빛 구름이 지붕에 걸릴 듯이 낮게 내려와 있었다. 비가 오지 않는 게 이상했다. 두 손 가득 짐을 들고, 앞뒤로는 배낭을 메고 용의 가게를 나왔다. 운동복 차림의 용과 그녀의 딸이 배웅을 나와

나는 혁명에 성공했을까?

주었다. 우리는 수많은 짐을 이끌고 버스 정류장으로 걸어갔다.

우리가 떠나도 아무런 상관이 없다는 듯 파리의 주말은 여느 주말과 마찬가지로 한산하고 평화로웠다. 단지 아시아에서 온 초라한 두 젊은이가 짐꾼이 되어 버스를 기다릴 뿐이었다.

저 멀리서 버스가 다가오는 게 보였다. 떠날 시간이었다. 그러나 발이 떨어지지 않았다. 하늘을 보았다. 여전히 뿌옇고 흐렸다. 이상하게 한국이 아닌 다른 곳으로 잘못 갔다고 투덜대며 다시 되돌아올 것만 같은 느낌이 들었다. 파리를 떠나는 게 실감이 나지 않았다. 그때 용이 우리에게 악수를 청했다. 그녀는 아무 말도 하지 않았고 우리도 아무 말을 하지 못했다. 버스에 오르려는데 그녀의 두 눈에 눈물이 고이기 시작했다. 그리고 기약 없는 인사를 마지막으로 건넸다.

"다음에 또 보자."

파리 찬양론자였던 용도 언제나 한국을 그리워했다. 파리에 사는 내내 그녀는 한국 사람들과 거의 교류를 하지 않았다. 그러다가 따바에서 소설처럼 우리를 만났다. 용은 우리를 가족처럼 따뜻하게 대해 주었다. 왜 그렇게 친절하고 다정했는지 이유를 묻지 않았지만 그녀의 마음을 알 것 같았다. 용의 눈물을 보자 눈 주위가 자꾸 뜨거워지며 목이 메 왔다. 입술을 깨물며 꾹 참았다. 여기서 울면 다시는 오지 못할 것 같았다.

이별의 순간은 언제나 얼음을 만지는 것처럼 시렸다. 그래서 나는 '이별은 최대한 빠르고 단순하게'라는 나름의 원칙을 가지고 있었다. 가족, 친구들과 매번 헤어져야 했던 내 고향 제주도에서 터득한 방법이었다. 이별은 되도록 무덤덤하게 받아들이는 것이 속도 편하고 후유증도 적었다. 그렇게 그녀와 이별하면서 우리는 파리와도 이별하고 있었다.

버스가 서서히 출발했다. 얼마 뒤 버스는 루브르 박물관과 수많은 관광객 곁을 스쳐 지나갔다. 우리는 떠나고 있었지만 파리는 여전히 변함없는 모습으로 그 자리에 있었다. 나는 속으로 말했다.

"사랑해, 파리!"

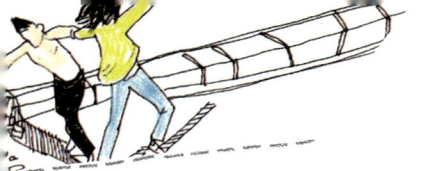

덤벼라, 세상아!

공항에서의 소동

혹시나 하고 걱정하던 일이 현실이 되어 우리의 발목을 잡았다. 짐이 많아 비행기를 탈 수 없었다. 가방을 열고 버릴 짐을 추리기 시작했다. 그때까지만 해도 우리의 머리는 드레 드록스 스타일이었고, 새까맣게 탄 살 때문에 흑인 같기도 했고 동남아시아나 아랍에서 온 사람 같기도 했다. 거울에 비친 모습을 우리가 봐도 국적을 알 수가 없었다. 그런 모습으로 공항 한가운데서 짐을 분류하고 있자니 행색이 이상했는지 사람들이 힐끔힐끔 쳐다보았다. 짐을 추려내고 무게를 측정했지만 여전히 정해진 양보다 넘쳤다. 그러자 깔끔하게 정장을 차려입은 짧은 금발의 항공사 남자 직원이 우리에게 다가왔다. 그리고 부드럽고 친절하게 천천히 말했다.

"손님, 5kg이 오버되었습니다. 더 빼 주십시오."

눈이 휘둥그레졌다. 한국말이었다. 용을 만날 때를 제외하고는 거의 들어보지 못했던 우리말을 파리 공항에서 듣게 되다니. 그것도 프랑스 사람한테서. 국적 불명으로 보이는 우리가 한국 사람인 걸 어떻게 알았지? 어쨌든 한국에 가기는 가는 모양이구나. 프랑스 직원은 더 없이 친절했다. 프랑스에 입국할 때 여권조차 확인하지 않던 무관심과는 너무 다른 상황이었다. 마치 정중하게 작별 인사를 해주는 것만 같았다. 다시는 오지 말라는 것인가? 착한 척하지 마라 프랑스. 언젠가는 다시 올 거다!

결국, 무게가 나가는 책들을 더 덜어내고 나서야 배낭과 수트케이스를 비행기에 실을 수 있었다. 하지만, 기내로 들고 가야 할 짐 또한 만만치 않았다. 게다가 가방이 없어 수많은 잡동사니를 반투명 비닐로 포장해놓은 상태였다. 멜 수 있는 끈조차 없었다. 나는 그 짐을 어깨에 들쳐 메고 출국장으로 들어섰다.

까만 살갗에 흑인 머리를 한 국적 불명의 남자가 비닐로 포장한 큰 짐을 들쳐 멘 모습은 사람들의 시선을 끌 만했다. 마치 내가 불법 체류하다 집으로 돌아가고 있다고 이마에 써 붙여 놓은 것 같아 얼굴이 화끈거렸다. 게다가 달라진 외모 때문에 출국 심사대에서 여권을 자세히 들여다보기라도 한다면 우리가 불법 체류한 사실이 들통날지도 모를 일이었다. 긴장감을 감추려 애쓰며 줄을 서서 기다리고 있었다. 내 차례가 되자 저 앞에서 출국 심사를 하는 백인 아줌마가 앞으로 오라고 손짓을 했다. 나는 떨리는 손으로 그녀에게 여권을 내밀었다. 그녀는 국적과 내 사진을 번갈아 보았다. 나는 아주 자연스럽게 웃으면서 살며시 말했다.

"날씨가 좋네요. (Le temps la vérit? est bon aujourd'hui.)"

말을 하고 창밖을 보니 하늘은 아주 흐리고 비가 오기 일보 직전이었다. 이런 바보 같은 경우가 있나! 가슴이 철렁 내려앉았다. 다행히 그녀는 여권을 내밀며 내게 고맙다고 말했다. 드디어 끝이다.

나는 혁명에 성공했을까?

비가 내리는 샤를 드골 공항. 파리를 떠나는 날, 마치 영화의 한 장면처럼 빗방울이 눈물처럼 흘러내렸다. 이제 끝이라 생각하니 이내 눈시울이 붉어졌다. 과연, 나는 '나의' 혁명에 성공했을까?

그런데 뭐가 잘못된 것인지 한참이 지나도 Lee가 나오지 않았다. 풀렸던 마음이 다시 불안에 휩싸였다. 불법 체류자로 걸린 것일까? 안절부절못하고 있는데 저 멀리서 Lee가 투덜대며 걸어오는 모습이 보였다.

"무슨 일이야?"

그녀는 검은색 본드 한 통을 보여주었다. 흑인 머리를 만들 때 사용하는 미용 본드였다. 나의 저주받은 직모 때문에 비상용으로 사두었던 것이다. 이런 사정을 빼고 객관적으로만 보면 그녀의 소지품에서 접착제가 발견된 것이었다. 그녀는 접착제에 대해 설명했지만 검사관이 백인이라 전혀 이해를 하지 못했고, 미용 접착제를 위험한 화학제품이나 불법 제품으로 오해한 것이다. 그는 Lee의 머리와 생김새를 보고 테러범으로 의심했을지도 모른다.

결국 Lee는 사무실로 가서 옷까지 벗고 다시 검색을 받아야 할 상황이 되었다. 이러지도 저러지도 못하고 있는데 옆에 있던 흑인 여성 검색원이 백인이나 동양인이 흑인 머리를 할 때 이런 본드를 사용한다고 백인 검색원에게 한참 설명을 해준 모양이었다. 그제야 백인 남자는 아주 멋진 머리 스타일이라며 Lee의 통과를 허락했다.

나는 혁명에 성공했을까?

이제 떠나기 위한 모든 절차를 마쳤다. 무사히 떠나게 되었다는 사실에 안도감이 들었다. 창밖으로 하늘과 공항의 전경이 펼쳐져 있었다. 그 순간 갑자기 창문에 빗방울이 하나 둘 맺히기 시작했다. 빗방울을 보자 가슴 저 아래에서 뜨거운 무언가가 올라왔다. 그동안 내게 일어났던 형용할 수 없을 정도로 아름다웠던 일들이 영화 필름처럼 지나갔다. 이제 끝이라 생각하니 이내 눈시울이 붉어졌다. 이별의 눈물이었다.

정말로 돌아갈 시간이 되었다. 나의 혁명을 찾아 파리를 떠돌던 모든 시간과 이야기가 끝나 가고 있었다. 기분이 복잡했다. 난 여기서 무엇을 한 것일까? 난 혁명에 성공했을까? 생각할수록 머리가 아팠다. 그동안 내게 일어났던 일들을 다시 떠올려 보았다. 명확하게 잡히는 게 없었다. 다만, 한 가지는 분명하게 말할 수 있다. 자유. 나는 자유를 보았그, 자유를 찾았다.

자유는, 나를 겹겹이 둘러싸고 있던 두꺼운 껍질을 벗겨 내고, 내 안의 나를 보여주었다. 덕분에 나는 나와 마주 앉아 나를 자세히 들여다볼 수 있었다. 이제는 안다. 1년 가까이 파리에서 누렸던 그 '거침없는 자유'가 여기서 끝나는 게 아님을.

나는 혁명에 성공했을까?

한국으로 돌아가면 행복하지 않을 수도 있다. 다시 싸워야 할 수많은 것들이 눈앞에 펼쳐지게 될 테지만 그러나 나는 두렵지 않다. 이젠 나를 포장해 줄 무언가를 위해서가 아니라 진정한 나를 위해, 진정한 나의 삶을 위해, 항상 설레는 가슴을 안고 유쾌하게 그리고 당당하게 살아갈 수 있을 테니까. 그래 가는 거야!

덤벼라, 세상아!

그리고 슬픈 두 죽음의 데자뷔

노무현과 피에르 베레고부아

센 강 주변에는 모습이 다양한 건물이 강을 따라 쭉 늘어서 있다. 그중에서도 책을 펼쳐놓은 것 같은 독특한 고층 빌딩 네 개가 유난히 눈에 들어오는데, 이것이 미테랑 국립도서관이다. 미테랑 국립도서관은 장서 1,400만 권을 포함해 3,000만 점의 자료를 소장하고 있는 프랑스 최대 도서관이다. 재미있는 것은 도서관 분위기가 박물관에 가깝다는 것이다. 이곳에 가면 프랑스 역사와 관련된 전시를 비롯하여 수준 높은 사진이나 회화 전시를 접할 수 있다. 우리는 공부를 하기보다는 전시를 보거나 산책을 하려고 미테랑 도서관을 많이 찾았다.

모두 다 알고 있듯이 프랑수아 미테랑(1916~1996)은 프랑스 전 대통령의 이름이다. 미테랑 대통령은 재임 시절 루브르 박물관 안의 유리 피라미드, 라데팡스의 개선문 같은 많은 건축물을 남겼는데, 그중에서도 가장 공을 들여 만든 곳이 미테랑 국립도서관이다. 간혹 파리지엔들에게 내가 이곳을 다녀왔다고 말하면 그들은 미테랑 대통령을 놓고 끝장 토론을 벌였다. 미테랑

은 프랑스에서 가장 존경받는 대통령 중 한 명이다. 하지만 그가 만든 건축물에 대해서는 평가가 엇갈린다. 프랑스 건축 미학을 상징할 만한 건축물이라는 긍정적인 평가가 있기도 하지만, 자신의 이름을 알리려고 건물을 지었을 뿐이라는 비판도 있다. 특히 그의 재임 시절 대학생이었던 세대들의 논쟁은 대단히 뜨겁다. 세상 어디를 가나 모두에게 인정받는 일은 정말 힘든 것 같다.

파리지엔들이 미테랑에 대해 토론할 때면 반드시 등장하는 인물이 있다. 1992년과 1993년에 미테랑 정부에서 총리를 지냈던 피에르 베레고부아 (1925~1993)이다. 그의 삶은 내가 아는 어떤 이와 많이 닮았다. 그래서 잘 알지도 못하는 그에게 조그만 애정이 생겼다. 베레고부아가 자살로 삶을 마감했다는 얘기를 들었을 때 깜짝 놀랐지만, 그때까지만 해도 내가 아는 어떤 이에게까지 그런 일이 생길 거라고는 꿈에도, 정말 꿈에도 생각하지 못했다.

피에르 베레고부아는 프랑스 북부의 오트노르망디에서 태어났다. 그의 부모는 우크라이나 출신으로 러시아 내전 때 러시아를 탈출하여 프랑스로 이주했다. 가난한 이민자 가정의 아들이었던 피에르 베레고부아는 고등학교도 제대로 마치지 못하고 16세에 금속 노동자가 되었다. 그러다 세계 제2차 대전 때 레지스탕스로 활동하면서 정치에 발을 들여 놓았다.

그가 본격적으로 프랑스 정계에 등장한 것은 1981년 사회당의 미테랑이 대통령으로 당선되어 그를 비서실장으로 임명하면서부터이다. 이후 그는 사회복지부 장관, 재경부 장관을 지냈고, 1992년 총리로 지명되었다. 그랑제콜 출신이 주류를 이루고 있는 정치 현실에서 이민자 출신 노동자였던 그가

총리가 되었다는 것은 프랑스인들에게 대단한 화제였다.

그는 실업, 경기 침체, 부패와 싸우겠다고 국민과 약속하고 대대적인 부패 척결 정책을 추진하기 시작했다. 그러나 오히려 그가 부패에 연루되었다는 언론의 역공을 받으면서, 그의 정책은 제대로 빛을 내지 못했다. 그는 재경부 장관 때까지 자신의 이름으로 된 집 한 채가 없는 청렴한 정치인으로 프랑스인들로부터 존경을 받았다. 그러나 부패 의혹을 계기로 그와 사회당의 인기는 곤두박질 쳤고 그는 총리직에서 물러났다. 비리와 관련된 조사가 시작되자, 프랑스의 우파 정치인과 보수 언론은 그의 비리와 학력에 대해 토끼몰이하듯 집요하게 문제를 제기하면서, 연일 모욕을 주는 무책임한 기사를 내보내기 시작했다. 결국 그는 극심한 수치심과 상실감을 이기지 못하고, 1993년 5월 1일 노동절에 권총 자살로 생을 마감했다.

그러나 우파와 보수 언론이 공격한 비리라는 게 사실은 별 게 아니었다. 집이 없던 그는 사업가 친구에게 돈을 빌려 아파트를 샀는데, 그걸로 난리를 친 것이다. 게다가 그는 빌린 돈을 이미 몇 차례에 나누어 갚은 뒤였다. 따라서 법적으로 문제가 될 것도 거의 없었다. 하지만 그는 평생 쌓아온 자신의 명예를 지키고자 스스로 인생을 마감한 것이다. 그리고 16년 후 베레고부아 총리의 죽음과 너무나도 닮은 명예를 위한 죽음이 한국에서도 일어나고야 말았다.

미국의 양심, 언어학의 혁명가라 불리는 노암 촘스키는 수천 년 인간의 역사는 억압과 지배의 역사라고 말했다. 역사가 시작된 순간부터 누군가는 계속해서 자유를 억압하고 또 다른 누군가는 끊임없이 자유를 박탈당해 왔으며, 지금 이 순간에도 이 상황은 계속 반복되고 있다는 것이다. 프랑스와 한

프랑수아 미테랑 대통령이 공들여 만든
미테랑 도서관. 책 모양을 닮은 고층 건물 네
개로 이루어져 있다. 미테랑은 프랑스에서
존경받는 대통령 가운데 한 명이다.

국에서 일어난 두 죽음을 보고 있으면 역사는 억압과 지배의 반복이라는 촘
스키의 말은 백번 맞다는 생각이 든다.

두 명의 대통령이 있었다

새로운 세기가 막 시작된 2000년 어느 봄날이었다. 나는 재수 학원을 땡땡
이치고 텅텅 비어 있는 지하철 2호선을 타고 목적지도 없이 하염없이 돌고
또 돌았다. 사람들이 들고 있는 모든 신문의 1면에는 김대중 전 대통령과 김
정일 위원장이 악수를 하고 있는 사진이 큼지막하게 실려 있었다.

지금 생각하면 한심하지만 그때 나는 대학에 진학하는 것만이 삶의 토대를
마련하는 일이라는 말초적인 생각에 빠져 있던 재수생이었다. 게다가 나는

분단의 아픔에 대해 깊게 생각해본 적이 없었다. 솔직히 나에게 6.15선언은 중요한 관심사가 아니었다. 단지 그날 한강을 건너는 2호선 창문으로 스며들던 햇볕이 너무나도 따스했기에, 스무 살 청춘이 만난 푸른 봄날이 너무나도 좋았을 뿐이었다.

그해 은행에서는 신용 등급도 없던 내게 신용 카드를 발급해 주겠다며 공손하게 굴었다. 아무것도 없는 나를 어떻게 믿고 카드를 내주겠다는 것이지? 그때는 내가 경제활동을 시작하면 세상을 다 가질 수도 있겠다는 생각이 들었다. 게다가 대통령이 북한을 가는 마당에, 카드 한 장 있으면 세상 어디든 못 갈 곳이 없어 보였다. 그해 나는 자유로웠고, 거리에 나서면 마음으로는 세상을 다 가질 수 있을 것 같았다.

그 무렵 IT 산업이 성장하면서 인터넷이 급속하게 확산되고 더불어 자기표현의 방법도 다양해졌다. 더욱이 인터넷이 언론 매체 이상의 위력을 발휘하면서 세상에서 본 적이 없던 일들이 마구 일어났다. 인터넷 방송을 통해 비주류 개그맨들이 욕설을 섞어 가며 자유롭게 정치를 풍자하면, 나 같은 청춘들은 낄낄거리며 그 방송을 즐겼다. 그뿐이 아니었다. 일본 문화가 들어오고, 언더그라운드 문화들이 세상 밖으로 마구 튀어나왔다. 소년티를 막 벗은 스무 살 청년에게 세상은 자유, 그 자체였다.

그리고 3년 뒤, 늦은 밤 술을 마시고 집으로 돌아가던 어느 날, 고졸 학력에 투박하게 생긴 어떤 아저씨가 대통령이 되었다는 소식을 들었다. 내가 투표해서 뽑은 내 인생의 첫 번째 대통령이었다. 대학에 목숨을 걸었던 내가 대학도 나오지 못하고, 그럴 듯한 배경도 없고, 정치적 터전도 없는 그를 찍었다. 정치에 대해 알고 선택한 건 아니었다. 그저 학벌이나 권력, 혹은 재력

나는 혁명에 성공했을까?

에 의해 대통령이 뽑히지 않았으면 하는 바람이 있었기에, 그런 것들이 없어도 대통령이 될 수 있다는 희열을 느끼고 싶었기에, 그를 찍었다. 그리고 진짜로 그가 덜컥 대통령이 되었다.

그는 양극화와 지역 갈등 해소, 권위 타파 등을 외치던 정치인이었다. 덕분에 언제나 욕을 곱빼기로 먹었다. 게다가 1년 뒤 나는 그를 위해 촛불을 들어야만 했다. 내가 뽑은 대통령을 지키러 나서야 하는 이상하고도 귀찮은 상황이 벌어진 것이다. 그가 좋았다기보다는, 말도 안 되는 이유를 들이대며 내가 뽑은 대통령을 끌어내리려는 사람들이 싫었다. 초등학교 때 배운 바른 생활 교과서 내용만 제대로 알고 있다면 도저히 할 수 없는 행동이었다.

기성세대들과 그에 대해 대화를 나누다 보면 언제나 싸움이 되었다. 치고받는 육박전은 아니었지만 전쟁을 치루고 있는 것 이상의 기분을 느꼈다. 그때만큼 욕을 많이 한 적이 없었고, 그토록 많은 욕을 들은 적도 없었다. 대통령에게 쌍욕도 하는 세상인데 어느 사람에게 욕을 못하겠는가?

그러는 사이사이 과거 수직적으로만 여겨졌던 관계들이 점점 수평을 이뤄가는 게 느껴졌다. 암흑 속에 묻혀 있던 성적 소수자나 사회적 약자들에 대한 이야기가 햇살을 찾아 양지로 나오기 시작했다. 그 속에서 나는 자유를 찾고 나를 찾으려고 세상을 떠돌아다녔다.

그러나 여전히 청년 실업 문제, 한미 FTA, 이라크 파병은 마음을 불편하게 만들었고, 청년 백수, 실업률 수치는 강남 아파트 값처럼 끝없이 상승 곡선을 그리며 우리의 삶을 고단하게 만들었다. 결국, 나는 대학을 졸업하면서 88만원 세대가 되었다. 가끔 임기를 마치고 청와대를 떠난 그의 소식이 언론에서 들리면 원망하고 싶은 생각이 들기도 했다. 그는 여전히 우리를 원하고 있었지만, 우리는 이미 그때 그를 버리며 살고 있었는지도 모른다.

그러던 어느 봄날 아침이었다. 총 맞은 것보다 더한, 대포라도 한 대 맞은 것 같은 충격적인 사건이 일어났다. 그가 차가운 바위에 스스로 몸을 내던진 것이다. 처음엔 그럴 리가 없다며 부정했지만, 이내 피에르 베레고부아의 데자뷔를 목격한 듯 온몸이 떨렸다. 그리고 깊은 슬픔이 들이닥쳤다.

몇 달 뒤 그가 남긴 질풍노도와도 같은 슬픔이 가시기도 전에, 우리나라 현대사의 상징이자 이 나라의 거목이었던 또 다른 대통령은, 그의 죽음 앞에서 서럽게 울다 지병이 악화하여 눈을 감았다. 나의 20대에는 두 명의 대통령이 있었다. 나는 나의 청춘과 함께 했던 그 시절이 얼마나 특별한 일인지, 그들이 떠나고 나서야 알게 되었다.

그들은 물질이 팽배하고 비정규직과 백수가 넘쳐나는 시대의 대통령이었지만, 나는 그 기간에 공간적, 정신적으로 자유를 누렸다. 다 같이 힘을 모으면 세상을 바꿀 수 있다는 믿음을 갖게 되었고, 어떠한 권력 앞에서도 수평을 꿈꿀 수 있었다. 또 학벌, 인맥, 돈이 아닌 소신을 지키면서도 살 수 있다는 희망을 보았다. 그 속에서 나는 자유롭게 꿈꾸었다. 원대한 꿈은 아니었지만, 무엇이든 할 수 있는 청춘임을 한 번도 잊지 않았다.

하지만, 스스로 목숨을 끊은 전직 대통령의 죽음 앞에서 나의 자유와 꿈은 산산이 조각났다. 여전히 내게는 꿈꾸어야 할 것들이 너무 많은데, 그들이 풀어내지 못하고 남긴 숙제가 너무 많은데, 받아들이기 어려웠다. 아니, 받아들이기 싫었다. 왜 그냥 가버리느냐고 발목을 잡고 생떼라도 부리고 싶었다. 모든 게 거짓말 같았다. 내 청춘도, 꿈도, 자유도.

그가 마지막으로 서울광장을 떠나던 날에도 힘도, 든도, 뒷배도 없는 수많

나는 혁명에 성공했을까?

은 88만원 세대들은 여전히 고시촌을 누볐다. 꿈이 아닌, 삶이 아닌, 생존을 위한 직장을 얻기 위해……. 나는 여전히 스무 살의 어느 날, 지하철 2호선 창문으로 스며들던 따스한 햇볕을 선명하게 기억하고 있는데…….

대한민국에 꿈이 어디 있니?

재회 그리고 긴 이별

파리에서 돌아왔음에도 여전히 파리를 앓고 있었다. 나는 여전히 파리에 주파수를 맞추고 살았다. 영원히 이별할 듯이 떠나온 파리였지만 아틀리에에서 우연히 헤나토를 만난 것처럼 파리와 다시 대면할 것 같은 느낌을 버릴 수가 없었다. 그리고 그 이듬해 실제로 마법 같은 일이 일어났다. 2007년 여름 프랑스에서 열린 한 디자인 워크숍 행사에 내가 회화학과 대표로 뽑혀 다시 프랑스로 날아간 것이다. 나는 그렇게 프랑스와 그리고 파리와 극적으로 재회할 수 있었다. 불과 2주라는 짧은 시간이었지만 다시 프랑스에 있다는 사실만으로 나는 행복했다.

짧은 만남과 긴 이별의 후유증은 생각보다 심했다. 나는 다시 한국으로 돌아왔지만 파리를 향한 짝사랑은 끝나지 않는 겨울처럼 혹독했다. 결국, 졸업을 한 학기 앞두고 다시 여행 병이 도졌다. 정말 치명적이고 지독한 역마살이다. 나는 병을 치료해야 한다는 우스운 명분을 앞세워 혼자 한 달 계획으로 동남아시아 여행을 떠나기로 했다. 사실 모든 건 핑계고 파리가 그리웠다. 그리움이 사무쳐서 시름시름 앓았다. 그러나 파리까지 다시 갈 돈이 없었다. 지도를 펼쳐놓고 갈 수 없는 파리를 바라만 보다가, 비용이나 거리가 만만한 동남아시아로 훌쩍 떠나 버렸다. 꿩 대신 닭이었

나는 혁명에 성공했을까?

다.

여기저기 혼자 돌아다녔다. 그러다가 타이의 치앙마이에서 그림을 그려 야시장에 내다 파는 동갑내기 '푸우'를 만났다. 그는 미술을 공부한 적이 없지만 그림 그리기를 아주 좋아했다. 나는 그와 급속도로 친해졌다. 인물이나 풍경을 팝아트 풍으로 그린 그의 그림은 야시장에서 꽤 인기가 좋아 늘 잘 팔렸다. 하지만, 그는 언제나 하루에 4,5장 정도의 그림만을 그렸다. 손바닥보다 조금 더 큰 나무판에 그림을 그리는데 너무 조금씩 작업하는 거 같아, 많이 팔면 돈을 더 많이 벌고 유명세도 탈 텐데 왜 더 많이 작업하지 않느냐고 물었다. 그러자 그는 돈은 많이 벌 수 있겠지만, 그렇게 되면 그가 좋아하는 바이올린 연주도 못 하고, 산책도 못하고, 나와 만날 시간도 없을 거라고, 환한 미소를 지으며 말했다.

"I'm so happy now."

그는 자유롭게 오늘을 살고 있었다. 나는 내일에 대한 고민 탓에 늘 부자유스러웠고 그래서 오늘을 제대로 살아내지 못하고 있었다. 여행조차도 내일을 위한 여행이었던 나에게 오늘을 사는 행복한 그의 대답은 참으로 부러웠다. 나도 그도 가진 것은 없지만 삶은 왜 그렇게 달랐을까?

파리를 떠나 한국으로 돌아오면서 마음속에 담고 왔던 '나'는 몇 달 뒤 내 안에서 사라져 버렸다. 마치 파리에서 가슴 설레며 뛰어다니던 나의 모습이 일장춘몽처럼 느껴졌다. 나도 모르게 다시 파리로 떠나기 전의 나로 돌아와 있었던 것이다. 나를 찾고자 인생을 사는 게 아니라 사회의 요구에 맞추기 위한 인생에 다시 젖어들고 있었다. 그것은 삶이 아니라 생존일 뿐이었다. 그리고 나는 사회에서 벌어질 생존을 위한 싸움에 겁을 먹고 있었다. 아직 제대로 시작도 하지 않은 그 싸움은 나의 영혼을 조금씩 잠식해 나갔다. 파리에서 틈만 나면 공원에 누워 사색하며 글을 쓰거나 그림을 그리던 나는 없었다. 그 자리엔 멍한 동공을 가진 좀비가 있을 뿐이었다.

나는 여전히 꿈꾼다

파리가 점점 더 그리워졌다. 파리에서 한국을 그리워했던 것보다 한국에서 파리를 그리워하는 마음이 더 절실했다. 그러나 정확히 말하면 내가 진정으로 그리워한 것은 파리가 아니라 그곳에 있던 나였다. 온전히 나에게 집중하며 살 수 있었던 그 시간이 그리웠다. 그래서 비록 소설가나 시인은 아니지만 파리 여행을 글로 쓰기 시작했다. 파리에 있던 나를 다시 찾고자, 아니 나와 마주앉아 이야기하기 위해, 진정으로 내 삶을 살기 위해.

글을 쓸 때마다 내가 이 글을 왜 쓰는지, 무슨 목적이 있는 것인지 거듭 질문을 던졌다. 덕분에 여러 책과 싸움을 벌이기도 하고, 파리에서 있었던 사소한 일들을 떠올리려고 몇 날 며칠을 술에 빠져 살기도 했다. 그러던 어느 날 파리보다는 내가 보였다. 파리에서 느끼지 못했던 것들이, 한국에서 아니, 내가 쓰는 문장 속에서 살아나고 있었다. 파리에서 만났던 사람들의 말이 떠올랐다. 그리고 다시 한 번 파리는 내게 말했다. 거침없이 살라고, 하루하루 숫자를 지우는 기분으로 보내지 말고, 한순간이라도 너 자신에게 충실하라고.

어느 날 친구에게 물었다.

"꿈이 뭐야?"

토플 학원 다니랴 스펙 쌓으랴 정신없이 살던 그가 싸움에 지친 병사 같은

나는 혁명에 성공했을까?

표정으로 말했다.

"대한민국에 꿈이 어디 있니?"

그의 대답이 나의 가슴을 고통스럽게 후벼 팠다. 20, 30대는 자살로 가장 많이 죽는다는 통계, 자녀들에게 온갖 불법을 동원해 자신의 자리를 대물림하려는 기업가와 고위 공직자, 자기 배는 점점 불러 가는데도 직원을 뽑지 않으려는 대기업. 슬프게도 세상은 과거로 점점 퇴화하는 것처럼 보였다. 꿈도 꿀 수 없는 우리의 상처받은 영혼은 누가 위로해 줄 것인가.

하지만, 언제나 그렇듯이 나는 희망이란 단어를 계속 쓰고 싶다. 많은 사람이 여전히 희망을 품고자 노력한다는 것을 알고 있기 때문이다. 비록 우리 세대가 비현실적일 만큼 간지 나는 것에 목숨 걸고, 사회에 관심도 없는 철부지이기는 하지만, 우리만의 독특한 감수성을 가지고 있고, 자유를 갈망하는 영혼을 소유하고 있다는 걸 나는 잘 알고 있다. 그러기에 아주 작은 가치에도 귀 기울이고, 아주 작은 생명에도 소중함을 느끼며 살아가는 우리 세대에게는, 아직 희망이 있다는 것을 나는 믿는다. 지금 이 순간에도 수많은 난쟁이가 봄 같은 희망과 아름다운 공존의 꿈을 쏘아 올리고 있다고 나는 믿는다.

나는 좋은 사람이 되고 싶다. 그리고 진정 아름다운 세상에서 살고 싶다. 모두 하하 호호 웃으며 살아가는 꿈결 같은 세상을 나는 여전히 꿈꾼다.

부록

Moon과 Lee가
추천하는
파리의 명소들

카페, 식당, 레스토랑

Marie the 마리 테(레스토랑)

외부는 흰색으로 깔끔하게 단장되어 있고, 실내는 발그레한 조명등이 불을 밝히고 있어, 안과 밖이 부드럽게 대조를 이루며 따뜻한 분위기를 연출하는 식당이다. 부부가 운영하는데, 음식은 안주인이 직접 만든다. 관광지 근처의 고급 레스토랑에서 맛볼 수 있는 고급스러운 음식은 아니지만, 가끔 윙크와 함께 손님의 빈 접시에 샐러드를 채워주는 정이 있다. 소박한 분위기이지만 차와 초콜릿 케이크의 맛이 일품이라 일본의 파리 안내 서적에 여러 번 소개된 적이 있는 내공 있는 식당이다. 저렴한 가격에 프랑스 사람들의 평범한 한 끼 식사를 맛보고 싶다면 마리테를 추천한다. **주소** 102 Rue du cherche midi 75006 Paris **전화** 01 42 22 50 40

Bagels and brownies 베이글즈 앤 브라우니즈(베이커리)

방금 구워낸 베이글, 파이, 브라우니를 맛볼 수 있는 곳이다. 맛은 두말할 필요도 없고, 저렴한 가격에 아주머니까지 친절하다. 하지만, 주변에 학교가 많은 탓에 점심때가 지난 후에 가면 빈 바구니와 브라우니의 부스러기만 보고 돌아오는 수가 있으니, 부지런해야 맛있는 빵을 먹을 수 있다. **주소** 12 rue Notre Dame des Champs 75006 Paris **전화** 01 42 22 44 15

ZENZOO SARL 젠주 살(대만 음식점)

파리에서 입맛에 맞는 아시아 음식을 저렴한 가격에 먹기란 생각처럼 쉽지가 않다. 그렇다고 한국 식당을 가자니 넉넉하지 못한 주머니 사정을 생각하지 않을 수 없다. 그때 ZenZoo에 가면 저렴한 가격에 그리운 맛을 내는 중국 음식으로 배를 든든하게 채울 수 있다. 이곳은 아시아 사람뿐 아니라 파리지엔에게도 꽤 인기가 좋은 곳이다. 정갈하고 깔끔하며, 달콤한 버블 티로 유명하다. **주소** 2, Rue Cherubini 75002 Paris **전화** 01 42 96 27 28

L'heure Gourmande 레르 구르망드(카페)

생제르맹데프레(Saint Germain Des Pres)의 갤러리 거리에 있는 찻집이다. 작은 골목에 숨어 있어 찾기 쉽지 않지만 파리지엔에게는 꽤 유명한 곳이다. 갤러리들을 관람하다 지친 다리를 위해 잠시 쉬어가기 정말 좋다. 카페 분위기는 대체로 현대적이고, 분위기처럼 케이크와 커피도 깔끔하고 맛있다. 허브 티는 Tea Pot으로 나오며 가격도 저렴하다. **주소** 22, passage dauphine 75006 Paris **전화** 01 46 34 00 40

Page 35 페이지 35(레스토랑)

홍대 앞에서 볼 수 있는 갤러리 카페 같은 곳이다. 깔끔한 벽면을 갤러리처럼 활용해 젊은 작가들에게 전시 기회를 제공한다. 깔끔한 음식 맛이야 두말할 필요도 없고, 매주 바뀌는 그림 덕분에 늘 새로운 분위기를 경험할 수 있는 게 이 레스토랑의 가장 큰 매력이다. **주소** 4, Rue du Parc Royal 75003 Paris **전화** 01 44 54 35 35

Hotel du Marais Bistrot 호텔 듀 마레 비스트롯(카페)

이곳의 분위기는 한마디로 부에나 비스타 소셜 클럽을 연상시킨다. 세월의 흔적이 묻어 있는 카페 분위기와 독특한 소품들이 마레 지구의 다른 화려한 상점들과 구별되는 큰 차이점이다. 주인 할아버지가 운영하는 호텔도 바로 옆에 있어, 마레에서 숙박을 계획한다면 이용해볼 만하다. **주소** 16, rue de Beauce 75003 Paris **전화** 01 42 72 30 26

Moff'tartes 모프타르트(파이 가게)

프랑스에서는 파이를 타르(tard)라고 한다. 모프타르트(Mouffetard) 거리에 있는 파이 가게라 하여 모프타르트라 이름 지은 감각부터 남다르다. 맛있고 다양한 키쉬(Quiche)가 가격까지 저렴하여 언

제나 고객에게 감동을 준다. 그러나 이는 모프타르트의 두 번째 자랑거리일 뿐이다. 모프타르트 주인아주머니와 아저씨의 첫 번째 자랑거리이자 가장 큰 자부심은 매일 아침 정성스레 준비한 신선한 재료로 맛있는 키쉬를 구워낸다는 것이다. 키쉬는 달걀, 우유에 고기, 채소, 치즈 등을 섞어 만든 파이의 일종이다. **주소** 53, Rue Mouffetard 75005 Paris **전화** 01 43 37 21 89

서점, 음반 가게, 잡화점, 시장

Libria 리브리아(서점)
우리나라로 치면 헌책방 같은 곳이다. 사진, 미술 서적, 음반 등을 판매하고 있으며, 특히 인체에 관한 다양한 서적을 찾아볼 수 있다. **주소** 82 passage Choiseul – 75002 Paris **전화** 01 42 97 51 99

Comptoir de L'image 콤프투와 드 리마쥐(서점)
이곳은 패션 잡지만 판매하는 서점이다. Vogue, Elle 등의 잡지가 언제나 가득하다. 그러나 이곳이 다른 서점과 달리 특별한 이유는 몇십 년 전에 발행되어 누렇게 변해버린 잡지들이 서점 천장까지 쌓여 있기 때문이다. 한 마디로 현대 패션의 역사를 한눈에 담아볼 수 있는 곳이다. **주소** 44, rue de Séigné 75003 Paris **전화** 01 42 72 03 92

Blue Moon Music 블루문 뮤직(흑인 음반 가게)
이곳은 레게, 힙합, 아프리카 전통 음악까지 세상의 모든 흑인 음악을 접할 수 있는 곳이다. 퀴상포아(Quincampoix) 거리에서 가장 특색 있는 상점 중 하나이며, 가게에 들어서면 포스터 속의 밥 말리가 반가이 맞아준다. 흑인 음악 마니아라면 반드시 들러야 할 곳이다. **주소** 84, Rue Quincampoix 75003 Paris **전화** 01 40 29 45 60

Paris Jazz Corner 파리 재즈 코너

뤼테스 원형경기장 바로 앞에 있다. 가게 이름에서 알 수 있듯이 재즈 음반을 판매하는 곳이다. 가게에 가득한 LP 판과 재즈 CD들을 바라보고 있노라면, 아무리 물리치려 해도 지름신을 피해가기가 쉽지 않다. **주소** 5 et 7 Rue ce Navarre 75005 Paris **전화** 01 43 36 78 92

Oxalys 오잘리(인도 잡화점)

오잘리는 파리에서 인도를 만날 수 있는 곳이다. 1층과 2층으로 나뉜 이 가게에는 인도에서 수입해온 악기, 옷, 액세서리 등이 가득하다. 옷을 파는 코너에는 엄청난 양의 옷이 있어 구경하는 것만으로도 즐겁다. 인도의 전통 악기까지 전시 판매하고 있어 가게라기보다 박물관에 들어와 있는 듯한 느낌이 든다. **주소** 29-43-42, rue Descartes Paris 75005 Paris **전화** 01 40 51 02 61

Pixi 삐지(장난감 가게)

파리의 피규어 상점 중 가장 추천할 만하다. 우리에게 친근한 일본 캐릭터부터 세계의 모든 캐릭터들이 모여 있는 곳이다. 단순한 상품 진열이 아니라 캐릭터들을 사용해 이야기를 구성해 놓은 것이 장난감 박물관을 연상케 한다. **주소** Rue de l'Echaude 75006 Paris **전화** 01 43 57 57 57 **홈페이지** http://www.pixi.fr/

Echoppe medievale 에쇼프 메디발레(피규어 상점)

중세의 모든 것을 볼 수 있는 상점이다. 입구에 들어서자마자 십자군 전쟁을 연상시키는 은빛 갑옷이 눈길을 끈다. 상점 안으로 들어갈수록 돈키호테가 살았을 법한 시대의 소품들로 가득하다. 드

레스, 칼, 손때 묻은 가죽으로 만든 활 통, 고풍스러운 액세서리, 그밖에 쓰임새를 알 수 없는 작은 피규어들이 조그만 가게를 가득 채우고 있다. 가격이 대체로 비싼 편이라 선뜻 살 생각이 들지는 않지만, 입어보고 구경만 한다고 눈치를 주는 이가 없어, 멋들어진 옷과 소품으로 로빈 후드 분위기를 내며 즐겁게 지낼 수 있다. **주소** 47, Rue du Cherche-Midi 75006 Paris **전화** 01 45 49 12 71

Le Marche du Livre 르 마세 두 리브흐(중고 책 시장)

조르주 브라상 공원에서 주말마다 열리는 중고 책 시장이다. 소설, 미술, 사진집, 시집 등 수많은 책을 아주 저렴한 가격에 살 수 있다. 가끔 갓 출간한 따끈따끈한 책을 싼 가격에 살 수도 있다. **주소** 2 Place Jacques Marette 75015 Paris (Georges Brassens 공원)

MARCHE BASTILLE 마르쉐 바스티유(바스티유 시장)

파리에서 주기적으로 열리는 시장 중에서 규모나 재미 면에서 바스티유 시장이 으뜸이다. 치즈, 고기, 채소 등 기본적인 재료와 간단한 먹을거리뿐만 아니라 수공예 액세서리, 스카프 등 관광객의 지갑을 열게 하는 것들로 가득하다. **주소** Boulevard Richard Lenoir, 75011 Paris

미술관, 문화원, 공원, 골목길

Musée Dapper 뮤제 다페(아프리카 박물관)

아프리카 박물관에는 내전의 아픔과 다른 나라로부터 침략당했던 고통의 세월을 보내고, 오늘날 이민자로서 살아가야 하는, 아프리카 작가들의 정체성에 대한 고민이 서려 있는 작품들이 전시되어 있다. 1층에는 아프리카 출신 작가들의 현대적인 작품이 전시되어 있고, 2층에는 아프리카 특유의 전통적인 색채와 패턴이 사용된 가면들이 전시되어 있다. **주소** 35 bis, rue Paul Valéry – 75116 Paris **전화** 01 45 00 91 75 **홈페이지** http://www.dapper.com.fr/

Musée Rodin 로댕 박물관

로댕 박물관은 '지옥의 문', '칼레의 시민'으로 유명한 조각가 오귀스트 로댕을 위한 미술관이다. 1919년 개관한 이곳에는 '생각하는 사람'과 '입맞춤'을 비롯한 로댕의 유명한 작품들이 전시되어 있다. 그는 생전에 자신의 소유였던 이곳을 그의 작품을 전시하는 미술관으로 만드는 것을 조건으로 자신의 작품과 함께 국가에 기증하였다. 전시 관람 후에는 넓은 정원에서 산책을 즐길 수도 있다. **주소** 79, rue de Varenne – 75007 Paris **전화** 01 44 18 61 10 **홈페이지** http://www. musee-rodin.fr/

Musée de l'Orangerie, Jue de Pomme 오랑주리와 주드폼므 미술관

튈르리 공원 안에서 콩코드 광장을 바라보고 있으면 나란히 서 있는 두 개의 건물이 보인다. 이곳이 오랑주리와 주드폼므 미술관이다. 오랑주리는 둥근 벽으로 된 전시실에 모네의 수련을 전시해 놓은 곳으로 유명하다. 모네의 거대한 작품을 한눈에 볼 수 있도록 전시해 놓은 센스에 감동할 수밖에 없다. 주드폼므는 파리의 대표적인 현대 사진 미술관으로 신디 셔먼처럼 유명한 작가들의 전시가 일 년 내내 이어진다. **주소** Jardin des Tuileries, 75001 Paris. **전화** 01 44 77 80 07 **홈페이지** http://www.musee-orangerie.fr/

Musée Maillol 마이욜 미술관

프랑스 3대 조각가 중 한 사람인 마이욜의 미술관이다. 규모는 작지만 그와 인연이 깊은 칸딘스키, 마티스, 고갱 등 쟁쟁한 작가들의 작품을 오르세나 루브르에서처럼 수많은 관광객에게 치이는 일 없이 여유롭게 즐길 수 있는 미술관이다. **주소** 59-61, rue de Grenelle, 75007 Paris **전화** 01 42 22 59 58 **홈페이지** http:// www.museemaillol.com/

Musée de bourdelle 부르델 미술관

로댕과 카미유 클로델은 알아도 로댕의 제자 부르델을 아는 사람은 많지 않다. 이곳은 부르델의 작품들이 전시된 미술관이다. 전시장 내부에 들어가면 처음에는 작품의 웅장하고 거대한 분위기에 놀란다. 작품 관람이 끝난 후에는 이 같은 위대한 작품이 전시된 미술관답지 않은 아늑하고 편안한 분위기에 놀란다. 관광객의 발길이 많지는 않지만, 미술관에서 진행하는 아트 워크숍이 다양해서 파리지엔들이 즐겨 찾는 곳이다. **주소** 16 rue Antoine Bourdelle 75015 Paris **전화** 01 49 54 73 73 **홈페이지** http://www. bourdelle.paris.fr

Musée Marmottan Monet 모네 미술관

루브르와 오르세의 전시를 관람하고 유명 작가의 작품이 전시된 미술관을 한 곳 정도 더 관람하고 싶다면 이곳을 추천한다. 오랑주리처럼 규모가 큰 작품이 많은 건 아니지만 모네의 초기 작품부터 후기 작품들까지 만나 볼 수 있다. **주소** 2, rue Louis-Boilly -75016 Paris **전화** 01 44 96 50 33 **홈페이지** http://www.marmottan.com/

Musée d'art moderne de la ville de paris 파리 시립 현대미술관

현대 미술에 관심이 많은 사람에게 퐁피두와 함께 추천하고 싶은 미술관이다. 퐁피두보다 규모가 작고 관광객이 많지 않아 여유롭게 작품을 관람할 수 있다. 규모는 작지만 전시 내용이 알차다. 박물관 소유의 상설 전시는 무료이고, 기획 전시는 전시에 따라 입장료가 다르다. **주소** 11 avenue du Président Wilson 75116 Paris **전화** 01 53 67 40 50 **홈페이지** http://mam.paris.fr/

Palais de Tokyo 팔래 드 도쿄 미술관

한국 관광객에게 주목받기 시작한 지 몇 년 되지 않은 미술관이다. 그러나 실험적인 작업을 하는

무명작가들에게 전시 기회를 주는 미술관으로 이미 널리 알려졌다. 다른 미술관과 달리 자정까지 미술관을 오픈하여 직장에 다니는 파리지엔들도 시간을 내어 문화생활을 즐길 수 있다. **주소** 13 avenue du Président Wilson, 75116 Paris **전화** 1 47 23 54 01 **홈페이지** http://www.palaisdetokyo.com

Delacroix Art Museum 들라크루아 박물관

들라크루아는 이름만 들어도 알만 한 사람은 다 아는 유명한 작가이다. 그러나 들라크루아의 집과 아틀리에를 고쳐 만든 박물관이라 작고 아담해서 찾는 이는 많지 않다. 하지만, 전시 내용은 꽤 알찬 편이다. 들라크루아의 작품뿐만 아니라 실제로 그가 작업했던 작업실을 관람하며 그의 삶을 느낄 수 있다. **주소** 6 Rue Furstemberg 75006 Paris **전화** 01 44 41 86 50 **홈페이지** http://www.musee-delacroix.fr/

Centre Culturel Suedois 스웨덴 문화원

이곳은 우리나라에서 쉽게 접할 수 없는 스웨덴의 현대미술을 접할 수 있는 곳이다. 더불어 마레 지구의 다양한 문화행사 정보를 얻을 수 있는 곳이기도 하다. 지하철 생폴(Saint paul)역에서 피카소 미술관으로 가는 길목에 있어 쉽게 찾을 수 있다. 문화원 건물 1, 2층이 모두 갤러리이고, 작은 앞마당은 cafe로 사용되고 있다. **주소** Hotel de Marie, 11, rue payenne 75003 Paris **전화** 01 44 78 80 20 **홈페이지** http://www.ccs.si.se/

Centre Culturel Suisse 스위스 문화원

스웨덴 문화원처럼 문화원 안에 갤러리가 있어 언제나 다양한 전시가 이루어진다. 스웨덴 문화원보다는 실험적인 작품의 전시가 주를 이루고, 작품 내용도 더 다양하다. 전시 관람뿐 아니라 스위스와 관련된 문화 행사 정보를 얻을 수도 있다. **주소** 32 Rue Francs Bourgeois 75003 Paris **전화** 01

42 71 44 50 **홈페이지** http://www.ccsparis.com/

Musée National Picasso 피카소 미술관

피카소의 회화 작품, 조각 그리고 초벌 그림까지 그가 작업했던 모든 것을 볼 수 있는 곳이다. 작품의 스타일에 따라 동선을 잘 맞추어 전시해 놓아 관람하기 좋다. 무엇보다 피카소의 위대한 작품을 가까이에서 직접 볼 수 있는 행복을 만끽할 수 있다. 시간을 너무 촉박하게 잡지 말고 여유롭게 계획을 짜서 관람하면 더욱 유익한 시간이 될 것이다. **주소** 5 Rue Thorigny75003 Paris **전화** 01 42 71 25 21 **홈페이지** http://www.musee-picasso.fr/

Rue Quincampoix 뤼 퀸상포아(골목길)

퐁피두센터 바로 옆에 있는 좁은 골목길이다. 특색 있는 작은 갤러리, 다양한 주제의 서점, 게이 카페들이 모여 있다. 상점들뿐 아니라 골목을 가득 채운 그라피티와 포스터들도 인상적이다. **주소** rue Quincampoix 75004 Paris

Cimetiere du Monparnasse
시메티에르 듀 몽파르나스(공원묘지)

우리나라로 치면 공동묘지 같은 곳이다. 공동묘지를 파리의 명소로 소개하니 다소 거부감이 들 수도 있겠지만, 막상 가보면 꽤 많은 파리지엔이 산책하고 데이트를 즐기는 모습을 볼 수 있다. 그도 그럴 것이 몽파르나스는 우리가 흔히 생각하는 공동묘지와는 좀 다르다. 묘지라기보다는 조각 공원이라고 하는 게 더 적절하다. 웃음 짓게 하는 묘비가 있는가 하면, 근사한 조각상이 세워져 있기도 하다. 묘비뿐 아니라 묘동의 분위기도 모두 다 제각각이고, 묻혀 있는 사람의 독특한 개성이 묻어난다. 유명한 작가나 예술가들의 묘지를 찾아내기라도 하면 그 재미는 배가 된다. **주소** Mon-parnasse, 3, Boul.Edgar-Quinet 75014 Paris